后浪出版公司

舌尖上的法国
夏长秋收

[法] 伊夫·康德伯德 编 [法] 雅克·费朗代 绘
林陈秋文 译 后浪漫 审校

湖南美术出版社
全国百佳图书出版单位
·长沙·

图书在版编目（CIP）数据

舌尖上的法国．夏长秋收 /（法）伊夫・康德伯德编；（法）雅克・费朗代绘；林陈秋文译．-- 长沙：湖南美术出版社，2023.3

ISBN 978-7-5356-9999-2

Ⅰ．①舌… Ⅱ．①伊… ②雅… ③林… Ⅲ．①饮食－文化－法国 Ⅳ．①TS971.205.65

中国国家版本馆 CIP 数据核字 (2023) 第 016395 号

SHEJIAN SHANG DE FAGUO : XIA ZHANG QIU SHOU
舌尖上的法国：夏长秋收

出 版 人：黄　啸
编　　者：[法] 伊夫・康德伯德
绘　　者：[法] 雅克・费朗代
译　　者：林陈秋文
审　　校：后浪漫
出版策划：后浪出版公司
出版统筹：吴兴元
责任编辑：王管坤
特约编辑：蒋潇潇
营销推广：ONEBOOK
装帧制造：墨白空间・张静涵
出版发行：湖南美术出版社（长沙市东二环一段 622 号）
　　　　　后浪出版公司
印　　刷：天津雅图印刷有限公司
开　　本：787 × 1092　1/16
字　　数：52 千字
版　　次：2023 年 3 月第 1 版
印　　张：8
印　　次：2023 年 3 月第 1 次印刷
书　　号：ISBN 978-7-5356-9999-2
定　　价：72.00 元

读者服务：reader@hinabook.com 188-1142-1266
投稿服务：onebook@hinabook.com 133-6631-2326
直销服务：buy@hinabook.com 133-6657-3072
网上订购：https://hinabook.tmall.com/（天猫官方直营店）

后浪出版咨询(北京)有限责任公司　投诉信箱：copyright@hinabook.com　fawu@hinabook.com
本书若有印装质量问题，请与本公司联系调换。
电话：010-64072833

目　录

序言

我们说多少遍都不过分，让一个男人坦白的最佳方式就是与他一同用餐。更何况这次是两个男人，一个烹饪，一个品鉴。就这样，在某个大雨瓢泼的中午，为了参加一次欢快的聚餐，我们踏着清冷的石板路步行至奥德翁广场，在那里欣赏雅克·费朗代与伊夫·康德伯德的二重奏。这是一次画稿与烤炉、线条与味道、中国墨水与棕色高汤的最高层次的结合。这二位是世界的摆渡人。三十余年来，雅克·费朗代从未停止在他的《手册》[①]里探索东方，从他的祖国阿尔及利亚到巴格达的郊区，从叙利亚到黎巴嫩。出生于贝阿恩的伊夫·康德伯德，曾经在丽兹大饭店、银塔米其林餐厅和克里雍大饭店的厨房里积累了丰富的经验，最后建立了自己的圣日耳曼德佩吧台。他也花费了很长时间穿梭于不同的土地，从那里带回点亮他餐盘的瑰宝。

一位漫画家和一位主厨，在他们各自的故事和世界里，耕耘出一片独特的天地，记录和探索了味道与色彩、人与美食的关系。为了以图像报道的形式描绘出心爱产品的藏宝地图，他们“出双入对”已经有一小段时间，共享便餐和火车座椅，翻山越岭去拜见生产者、养殖者、葡萄酒农、干酪制作者、菜农……通过他们的讲述，我们不禁想到，这趟旅行绝不像媒体策划案那样中规中矩，而是伴随着到处闲逛、野外学校、实物教学和微醺状态。

“与伊夫共事的生产商和工匠大多是直接合作的关系，陪伊夫去拜访他们所在的土地和地区是我们的理念。烹饪工作很大程度上依赖于上游加工者和原材料供应者。”雅克解释道。他认为：**“这些人工作时会充分考虑口感、产品质量和对环境的尊重。当我们在布列塔尼看到安妮·贝尔坦的植物和蔬菜从地里生长出来、在贝阿恩看到法妮·费朗养的牛和做的干酪、在科西嘉看到养蜂人皮埃尔·卡利位于栗树林的蜂箱时，我们会发现可追溯性是一件自然而然的事**

---

① 《东方手册》（*Carnets d'Orient*），Éditions Casterman出版。

情。他们分享他们的激情，想要传达某种东西。这些都是很有个性的人。伊夫自己的存在方式和表达方式也使他成为一个特立独行的人物。”

谈及与雅克·费朗代的这些短暂的出走，伊夫·康德伯德说：“它们是带给我氧气的清风，我从事的是一份艰苦的职业，每天都要使用炉子两次。”这位法国电视一台《厨艺大师》节目的前评委对自己的“明星身份”表示怀疑，这种“明星效应”可能会使人们忘却：“烹饪是一份集体协作的职业。我们应该提高食物到达烤炉之前整个产业链的价值。没有这些做面包、钓鳕鱼、酿葡萄酒的男男女女，我就一无是处。因此，我们要谈论他们。每种产品的背后，都有我了解的、在烹饪时或开酒时都会想起的某个人……”

雅基·迪朗（Jacky Durand）

《解放报》的《你来烹调》栏目记者兼专栏编辑

伊夫·康德伯德将本书献给

他在圣日耳曼驿站酒店、阿旺吧台和驿站吧台的

现在及以前的团队们

古时候，科西嘉岛用蜂蜡向罗马缴税，
那时候蜂蜡跟蜂蜜的价值一样高。

蜂蜜的定义是：由花的甘露和吸食类昆虫或带刺昆虫的
分泌物所生成的物质。它体现的是某个特定时间和
地域的植物群特征。

皮埃尔·卡利，帕特里莫尼奥的养蜂人。
在科西嘉这里，有极其多样化
的群落生境。

春天，我把蜂群安置在农业荒漠，一大片受海滨自然保护组织管辖的区域。

那边春天的丛林非常美，百花盛开：白欧石楠、金雀花、薰衣草、迷迭香……我们采集蜂蜜，之后便转移蜂群到其他地方。

晚上，太阳落山时，蜂群离开农业荒漠。第二天清晨，它们在卡斯塔尼恰的清凉树荫下醒来……

科西嘉海角
农业荒漠
圣弗洛朗
帕特里莫尼奥
巴斯蒂亚

躲入丛林

在巴斯蒂亚南边的卡斯塔尼恰，第一个山梁分支处有一大片茂密的栗树林，那里几乎被遗弃了，到处都是荆棘……

等栗树花期一结束，从6月15日到7月15日，我就开始采集蜂蜜……

我之前做的是行政，所以啊，刚开始养蜂的时候，我父母还有些担心。

有天早晨，黎明时分，我准备出发将蜂群带到农业荒漠……到了10点钟，工作结束。
我面朝大海，到处盛开着鲜花。

我用手机拍了一张照片发给我父亲，附上文字：我的办公室！

一个蜂箱里
有多少只蜜蜂？
在30000到100000只之间，蜂蜜的产量跟
蜂群的规模有关，一切取决于蜂王的产卵
能力。蜂王每天可以产2000个卵。

以前有很多野蜂群。当时的人们通过设置陷阱来抓捕
它们，然后采集蜂蜜。现代养蜂业使用的蜂箱是战后
才出现的新工具。

这个烟有什么用？
用来分散它们的注意力，它们会去大量吸食
蜂蜜，就好像准备离开蜂箱一样……

那么现在，我们打开蜂箱
跟它们问好。
我将蜂王安置在了
下面一层。

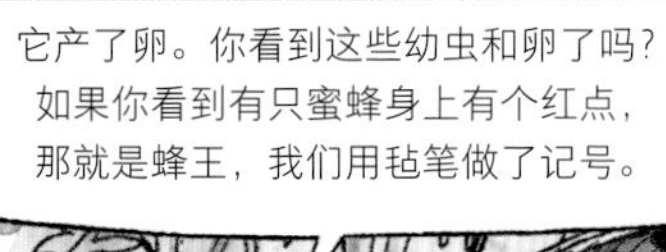
它产了卵。你看到这些幼虫和卵了吗？
如果你看到有只蜜蜂身上有个红点，
那就是蜂王，我们用毡笔做了记号。

我看到了，
带红点的那只。
你将会是
一个好的养蜂
人，你找到了
蜂王。

你看它并不比其他蜜蜂大很多，但是它的腹部很肥大，
因为它有一个高效的生殖器官。

它与10到15只雄蜂交配，
交配过后雄蜂就死了。
……

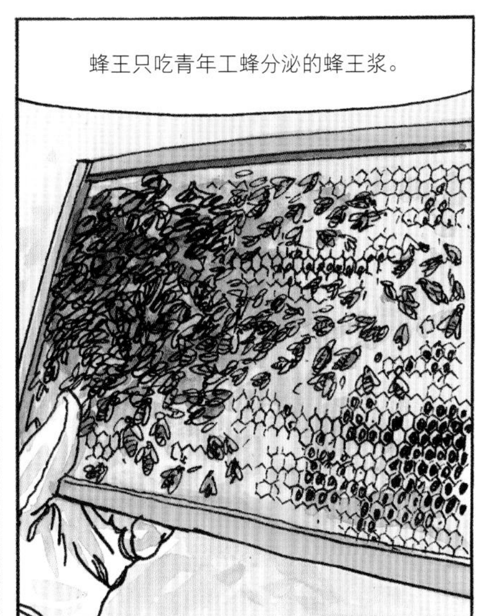
蜂王只吃青年工蜂分泌的蜂王浆。

正是这种饮食的差异引起了蜜蜂形态的转变，
使幼虫成长为蜂王。

神奇的地方在于，既然我们说到蜂王浆的功效，一只工蜂的平均寿命是40天，可一旦成为蜂王，则可以活两三年。要知道，它的工作任务大不相同了。

冬天，当你把手放在蜂箱上时，会感觉很暖和，因为里面的温度常年保持在34摄氏度。即便外面是0度，蜜蜂也能通过收缩胸部肌肉来产生热量，以维持蜂箱内部暖和的温度。

那在夏天，
外面40度高温时呢？

它们会扇动翅膀来
降低蜂箱内的温度。

蜜蜂消失的现象，
你在这里看到了吗？

在科西嘉这里，我们有保护措施，每年会更换20%到30%的
蜜蜂，相当于损失掉的蜜蜂数量。而其他地方的
损失据说会达到80%。

在我们这儿，从上世纪80年代开始，
岛上出现了瓦螨，一种让蜜蜂变得脆弱的寄生虫，
它们使蜜蜂更经不起人类的侵犯行为。

从蜜蜂身上，
我们总是太晚发现问题。
你这是
绿色养殖吗？

我用天然的方法对付瓦螨，但是绿色养殖
跟蜜蜂要采蜜的地方没有任何关系。
这里的种植业正在尝试有机
模式，但仍有一些化学除草剂
和驱虫剂。

我们的做法很朴实，我们并没有驯化蜜蜂。
每种蜂蜜都体现了采集的时间和所在
地域的特色。

我们试着创造和改善有利于它们发展的环境。但是蜜蜂有自己的生活，
我们尽量不去打扰它们，不在它们的产品中留下我们的痕迹。

关于蜜蜂的大量死亡，有科学家说过一句话：如果蜜蜂灭绝了，人类也存活不过5年。

对啊，我们食用的植物中，60%都依赖于传粉昆虫来存活。

在世界上某些地方，人们用刷子来授粉，因为人们在世界上某些地方中向大自然使用的化学产品中导致传粉昆虫消失了。
蜜蜂没有预料到我们的出现，数百万年来，它们经历了地球所有的困难时期，一路生存了下来。

问题是，现在正处于人类行为造成的困难时期，我们不知道蜜蜂这次还能否脱身。
你看这个贮蜜的继箱，它几乎满了。

你现在采集的，就是栗花蜜了？
是的，如果我再等下去，就是百花蜜了。

我们按照递增的顺序品尝蜂蜜，根据风味浓郁度和苦味的程度……

阿福花是农业荒漠特有的花。
“春季丛林”，有更多的白欧石楠、迷迭香和薰衣草的味道。
丛林树蜜会有甘草和焦糖味。
栗花蜜，单宁会重一些，有特色，也微苦。
“秋季丛林”，有野草莓树味，更典型。

噢，安托万-马里，
你在8月也穿着潜水服吗？

水温是25摄氏度，但我们要下潜5至10米，
而且要在水下待一会儿。

而且我的脂肪比
你们的少！
我们脂肪多吗？！
这是天然
的保护！

你们怎么捉海葵?
用小刀将它们撬下来。这是一种海洋动物，有一只带吸盘的脚，可以吸附在岩石上。

要小心，最好戴上手套，因为它们的触角会引发荨麻疹。

钓到什么好东西了吗，
孩子们？

安托万，你真应该来的。
哦，我喜欢所有来自大海的东西，但是让我自己下水……

我们做海葵的方法是，裹上面糊然后炸。原汁原味，超级好吃……海味很浓！

安托万–马里，这些漂亮鱿鱼是你钓到的吗？
昨天夜里，凌晨1点到4点之间。

安托万–马里特别喜欢抓鱼。
看出来了。
他驾着船，不分昼夜出海！带回来的可都是好东西！

钓鱿鱼有什么限制吗？
专业钓鱼者可以用捕鱼灯来钓，就是在晚上用大灯把鱿鱼吸引到船边，然后抓捕。

海湾处的海沟能有数百米深，那里有成吨的鱿鱼。但是，在圣弗洛朗的餐厅里，你一只都看不到。
他们做的都是速冻食品。
而我们呢，带着业余的装备，在1个小时内也能抓到五六公斤！

圣弗洛朗港湾鱿鱼，科西嘉枸橼酸醋汁和野草莓花蜜

准备时间：20分钟
烹饪时间：10分钟

食材（4人份）

★400克洗干净的鱿鱼
★橄榄油
★枸橼
★野草莓花蜜
★盐之花
★马达加斯加胡椒粉
★100毫升青柠汁
★100克花生碎
★100克细香葱末

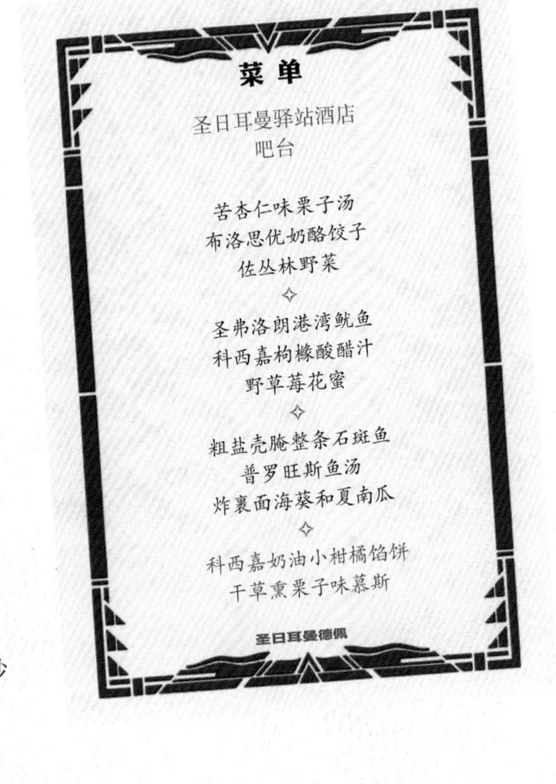
菜单
圣日耳曼驿站酒店
吧台
苦杏仁味栗子汤
布洛思优奶酪饺子
佐丛林野菜
圣弗洛朗港湾鱿鱼
科西嘉枸橼酸醋汁
野草莓花蜜
粗盐壳腌整条石斑鱼
普罗旺斯鱼汤
炸裹面海葵和夏南瓜
科西嘉奶油小柑橘馅饼
干草熏栗子味慕斯
圣日耳曼德佩

准备工作

1. 将300毫升橄榄油与青柠汁混合搅拌，加入适量胡椒粉和一小撮盐之花，加入一大汤匙野草莓花蜜。充分搅拌，冷藏待用。
2. 将鱿鱼切成细条，沥干水分，将大锅烧热后用橄榄油大火快炒（翻炒过程一定要快），调味。
3. 将炒熟的鱿鱼倒入一个大碗中，淋上前面做的醋酸调味汁。
4. 搅拌均匀，加入花生碎和细香葱末，调味。在上桌之前，在菜肴上擦落一些枸橼皮末。

建议配酒：安托万-马里·阿雷纳珍藏干红，2014年份，帕特里莫尼奥法定产区。

你的这片斜坡，
不会有沟蚀的问题吗？
从来不会，这里的碎石足够多，
形成了天然的排水管，
雨水很容易往下渗透。
你看土壤有多柔软！即便是不到20厘米
深的地方，也还是湿润的。
而从早上开始，这片山坡
就完全暴露在阳光下。
太阳几点落到
山的背面？
5点左右，也是这个原因，
白葡萄酒里才有美妙的矿物质
味，再加上到处都是贝类
化石形成的石灰岩……

你种的这些是你
最大的骄傲吗？
对，我和两个儿子一起种的，还有阿德哈曼，
这个摩洛哥人跟我干了21年。

真是一个巨大的挑战啊……
我们从拔除丛林开始弄。

LES HAUTS DE CARCO
Antoine Arena
PATRIMONIO
12,5% vol
75 cl

你们花了多长时间？
凿穿那些峭壁用了一年……你看见那些大包了吗？下面埋着我们用过的手套，数不胜数。那边所有的碎石堆，都是这些工程留下的……

甚至有一阵，我都觉得不可能完成了。我们那时已经有葡萄苗，到了5月，我们都还没有把苗种下去。

我那时在家什么也没说，但是我会问自己，是不是不该打肿脸充胖子……最终我们还是成功了。

我们刚一种完就下雨了。葡萄苗的生气恢复了99%……当时真是棒极了。看看这茁壮的样子。

对于7年树龄的葡萄来说，只要再经过4个年头，你就可以看到它们的潜力。因为这里是崭新的土地，也是我们寻找的、想要种葡萄的地方。

我们在这里很好……
但是，活不好干啊。

伊夫，没有什么秘密，风土就摆在那儿！

海角路，钓鱼的猫家庭旅馆……
我的父亲、祖父在这片土地上工作。

在他们之前还有好几代人……

我在尼斯上过法学院，但是1975年爆发的阿莱里亚事件*使得我终止了学业，
我休学是为了反抗父亲，向他证明我可以回到故乡工作，而不是去做公务员。
更多的是出于一场军事和政治行动，
而不是对酒的热爱。
Libération
CORSE: L'ASSAUT

1980年，我和玛丽在这里安定下来。

* 1975年8月22日，在上科西嘉省的阿莱里亚镇，维稳部队向一个葡萄酒窖发动了突袭，酒窖被埃德蒙·西梅奥尼（Edmond Simeoni）和科西嘉复兴行动的活动分子们所占领。

但刚起步的时候，我酿的是
技术型酒。

我受到的教育是如何做正确的酒……
没有缺点的酒。

它们在品质上也许没什么优点，
但也没什么缺点。

我出去卖酒的第一天，
出发时车上放了10箱酒……
一天过去，
我带回来了
11箱。

不仅一瓶都没卖掉，我每次停下来时，
总有人递给我一两瓶酒说："给，尝尝这个。"

嘿，让-米，我们还能再来盘熏肉，
我们都没在减肥！

之后，我遇见了其他葡萄酒农……
是皮盖-布瓦松把大家联系起来了。

皮盖–布瓦松最早是塔耶旺餐厅的侍酒师。我在1992年开了瑞家来餐厅，邀请克里雍大饭店的侍酒师给我推荐酒单。
La RÉGALADE*

皮盖在我开张后的三四天过来吃饭……
你真是精神不正常！

你这张工业酒单，真是太不可思议了！你做的菜肴，需要配顶尖的酒才行。

你在说什么呢？我从米其林三星餐厅出来，那里有法国最好的酒！来，你尝尝这个！

好吧，那你来尝尝这个！
Morgon

我们开始聊天，什么都聊，也什么都没聊，20分钟之后：

你看到哪一瓶被喝完了吗？

天哪，真的，我们喝完了马塞尔那瓶，而另一瓶几乎没动！

疯狂的是，六个月之内，他推荐我认识了第一批葡萄酒生产者：马塞尔·拉皮尔、康美侬酒庄、邦多勒的圣安妮酒庄的迪泰伊侯爵、皮埃尔·欧维诺，还有许多其他人！

还有安托万·阿雷纳。

* 瑞家来餐厅。

从那时起，我意识到还有一些有信仰的人……同样的逻辑，同样的想法，对材料的尊重：我们都是一样的！

对我的厨师们，如果他们不认真对待食材，我会对他们说：停下！
不要以为一个西红柿没什么大不了的！

你们亲自来看，就会了解所有的工作，那个伙计花了多少力气才让这个西红柿完美地呈现在餐桌上！我们干涉得越少，它才会越好吃！

在厨房里，最难的就是简单化。

而且，菜肴和葡萄酒是一样的。全凭愉快的感觉：我喜欢，我不喜欢……葡萄酒，喜欢就喝得干净……

皮盖让大家互相结识、交流、沟通，建立信任感，可以说彼此之间没什么秘密。

在我接受的职业教育里，从来没听说过这样的事……我们这行遵循的是缄默法则：当你创造一个新菜品时，你不会拿给别人看。

就像在科西嘉这里，你们知道，却什么也不说。
哈，听好了，伊夫，明天我就去巴黎找你，跟你说我被警察追捕，你是告发我，还是把我藏起来？

是啊，但你阿雷纳不一样……

现如今，我们不再酿20年前
那样的酒了。

一开始，我们要证明自己……
酿的酒浓度很高。那时的红葡萄酒，
要求放把勺子在里面都能立住。

但现在的人都不再喜欢喝
那种酒了，我忍不住要问，他们
当初是怎么喝得下去的？
幸好我们转变了，我们生产的又不是可乐！
现在的人喜欢享受即时的快乐。

出于这个原因，我很喜欢安托万–马
里的即饮型葡萄酒，他寻求的那种新
鲜度，葡萄酒一出酒窖就适合饮用。

你知道吗，安托万，看到你和你的
儿子们一起做的这些事，看到你成功
地传递价值，我觉得你们很卓越！
当让–巴和安托万–
马里向我解释的时
候，我就觉得太好
了，因为他们都活
在自己的当下，我
很钦佩他们。

伊夫，这是你对我的最高赞誉……
但我要跟你说，我对我的两个孩子有信心，
我知道他们的价值在哪儿。
你看，安托万–马里
从来都不说“我”，
他总是说“我们”。

这一切，安托万，都是
因为你的启蒙和引导
工作做得好。
这是我一直反复
教导给他们的价值观：
尊重别人，学会
倾听……

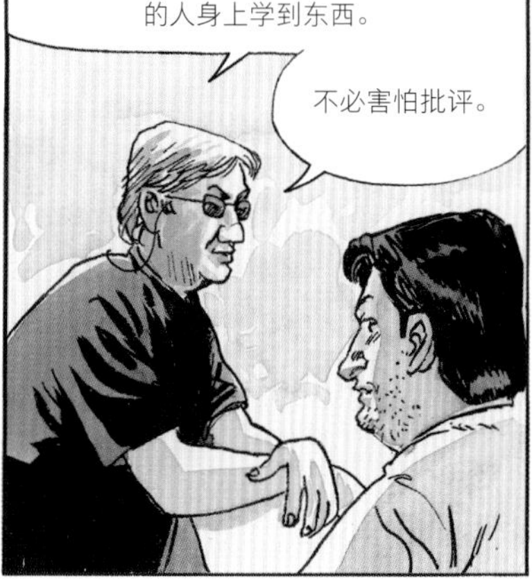
每次我尊重别人的时候，一般情况下，自己也会得到尊重。我总能从跟我不同的人身上学到东西。
不必害怕批评。

但是，也不能让人欺负！

我们回看过去，是为了尝试将先人的劳动精华运用到有机农业的现代技术中。

未来，靠我们创造……
孩子们都明白这一点。

你知道吗，有一天，隔壁村在庆祝一个节日，他们重建了打麦的场景，男人和女人们都穿成我们祖辈年轻时的样子，在那里做出滑稽可笑的样子给游客看……

我就不愿意去看，因为我不想将科西嘉当成一个博物馆。

今天，我在老家这里酿酒，我的酒远销日本、纽约、加拿大。对我来说，就是这样，生活在家乡，我的儿子们也是这样。
不忘过去，活在当下。
PATRIMONIO
VOUS REMERCIE

在谈论我的职业时，涉及的是一个整体，不仅仅是一种职业，而是我的生活。

完美的酒

最初，我们开辟这样的区域时，也不知道会发生什么。我们这样做，只是为了让来吧台吃饭的人不用在外面苦等45分钟……
我们给他们提供好的环境：他们可以喝一小杯，吃点小食，度过开心的一刻。等餐厅有空位了，我们再来请他们。
L'avant comptoir
HÔTEL
le comptoir
crêperie bar à hors d'œuvre

然后很快，这里就成了一个独立的区域，心浮气躁的年轻一代常常光顾，他们不愿意在餐桌上花两个小时吃饭。
萨利德贝阿恩的盐
埃斯珀莱特辣椒

也有一些住在附近的居民晚上时常光顾。比起坐在电视机前，他们更喜欢下楼花两个小时跟大家一起聊天、交流、辩论。这里就变成了50年前小酒馆的样子。

与吧台里纠缠不清的酒鬼不同，这里的客人很多样，有来自巴西、美国、日本的外国人。晚上，80%的客人是女性。这里成了一个文化的社交场所。

我没有做过市场调查，我只是想给予大众消费得起的好品质和热情的服务，从来没有想过要创造什么。

对我而言，最重要的是，我们将高贵重新赋予了小酒馆。

你度过一段美好的时光，你很享受。我们只推荐天然葡萄酒，这里没有秘密。

这里的葡萄酒让人有喝的欲望，不会让你上头，而是带给你微醺。人们慢斟细酌，这可不是酗酒！
Comptoir
Comptoir

配着一瓶加了硫的白葡萄酒，你吃点东西，再喝两杯，第二天会头疼，感到累……可是天然酒，从来不会！
而你也不会每天都来喝！

达维德·迪卡苏和我一起工作过，他如今在莫尔朗开了一家餐厅。那里有很多我们喜欢的不知名的小酒，并且我们一直在找来自我们家乡——贝阿恩的酒，带着这样的想法，我们在朱朗松遇见了博尔德纳夫-孟德斯鸠兄弟。

BISTROT quiller RESTAURANT

当时的想法是一起酿一款定制酒……

我们四个11月在莫南会面，准备进行调配。
一款不添加硫的酒，没有做澄清，很清爽，有酸度……
VINS DE COMPTOIR DU MOIS
BIÈRES
JUS DE FRUITS

这些是老葡萄树吗？
那些是我爷爷种下的。那个时代，这里的人都采取混种的方式，还养奶牛。

我跟弟弟在外面读的书，回来后，我们专攻酿酒葡萄的种植，因为我们想重振这些葡萄园，酿造属于我们的朱朗松干白。

农田需要人去耕种、维护、改良，这些都是工作。
我们在葡萄园中也种别的植物，以便保持生态平衡，这对土壤和植物都是必要的。我们为土地着想……

我们只打理地表，不需要翻耕田地到25厘米深的地方。
我们播种燕麦，它们强大的根系可以保留住松散的土壤。我们还种小蚕豆，一种豆科植物，它可以产生氮，这样就不用施肥了。

春天，我们种些苜蓿和蓝翅草，它们会吸引蜜蜂来采蜜。我们割草后就把它们放在地上，到了9月采摘前再将地翻一下。

农业生物学？
土壤是跟化学相关的，当植物从土里吸收氮时，它并不会区分那是天然的还是人工的。化肥的问题在于剂量……

这是一个关于平衡的问题：不要损伤植物和土壤。最理想的情况是让土壤提供矿物质……
我们用植物或动物类的天然有机材料来改良土壤。

我们使用生物动力农法制剂500P，一种装在牛角中埋入地里发酵的牛粪。

你闻闻，都没有粪便的味道，只闻到大地的味道。
之后，我们将这种有机肥料碾成粉末，稀释到每公顷100克。这可得很精确！

这需要技术到家，劣质的厩肥或者堆肥都会伤到土壤。
闻

然后就是一个哲学问题了，我们不想将绿色环保和习俗对立起来。

但是，你很难将所有地方的绿色种植标准统一起来。
在原则上统一呢？
我们所在的地区降雨很多，又是南方那种热天，所以我们需要将两种方法的优点结合起来。农民的天性吧！

在我们的圈子里，有很多优秀的人，也有个别怪异的……
有机种植如果做得不好，就跟传统方法做得不好一样，产生的破坏是相同的。

有些人不再思考。他们没有看到有机标志便对你百般挑剔，却会买从智利坐飞机进口来的有机产品。

当这成为一种潮流或模式，就变得可笑了。
如果你是为了生意而做，那根本行不通！产品不会撒谎，好就是好！

当你有好的葡萄，就像在厨房里有好的食材一样，你肯定知道会做出什么来！

所以现在我们要定调配比例。
起初，我们想兼收并蓄所有的品质。

满胜，朱朗松的法定葡萄品种。酿出的酒很圆润、醇厚……
但是没有吧台的酒那么直接、解渴、清爽。
什么是吧台的酒？

对我来说，就是味觉很直截了当的酒，让我喝得舒服，并且马上想再来一杯。
这款酒促使我们不断完善其他的酒，我们可是从零起步的。

酒就是醋与葡萄汁之间的平衡。
我们的工作，就是知道我们要走到哪一步，以及决定在何时采取措施保护我们的酒……避免把我们的事业和家人置于困境。

因为一旦变成醋，那就不可逆了。

在这里和你们一起做调配，可以让我们更好地欣赏这款酒，更好地谈论它。这是一种表达方式！

我们可以销售得更好，因为我们可以真诚地谈论它，就像在谈论一位邻居或朋友。
但是，酒也要能代表我们，它身上有我们的印记，那是我们的签名！
我们也想知道，它去了哪儿，客人是谁……

这一款，有令人愉悦的水果香！我嘛，更喜欢大口嚼葡萄，那样更爽！

这是因为酒精的强度超越了果香！

MONTESQUIOU
CUVADE PRÉCIOUSE
2009 *
JURANÇON
SEC

我们决定两款各占50%，这个选择比较合理。

很圆润、清爽，更浓稠，也更厚重。

对我来说，这样更好喝！

打动吧台的是矿物质味和醇厚的酒体。

伊夫啊，什么都想要！既要有果味，又要酒体醇厚……

那样多好啊！

什么都要揉进去，调色盘上什么颜色都有……但是，事实上，完美的酒是不存在的！

为了酿出世界上最好的酒，需要在各种不同的日子采收葡萄，才能获得足够的复杂度。

家族的发源地，是我的祖母在纳瓦朗克斯开的一个小旅馆，名叫商务酒店。渔夫带来从比利牛斯山的激流中钓到的三文鱼，然后祖母会把它做成菜：贝阿恩酱汁三文鱼。那时家里所有人都在。

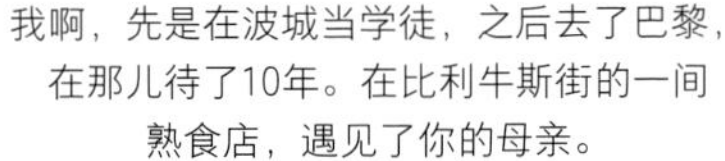
我啊，先是在波城当学徒，之后去了巴黎，在那儿待了10年。在比利牛斯街的一间熟食店，遇见了你的母亲。

一个布列塔尼女人。

起源于贝阿恩

1957年，我回来暂时接管小旅馆……之后，我在波城建立了自己的事业，否则，我就留在巴黎了。

CAMDEBORDE TRAITEUR*
CAMDEBORDE CHARCUTIER TR

莱斯卡，是我长大的地方。
我们在城里有居住的房子，这里是农场……

我刚买下的时候，只有这间小破屋。

这里是我的大西部，周末、假期，我们都会来这儿。

爸爸，这里面有多少头奶牛？

这里还有小菜园。我在开瑞家来餐厅时用的玉米菜豆和辣椒都是从这儿来的，去巴黎的朋友们会帮我捎过去。

呼！25头。还有兔子、鸡和猪。

现在，当人们听说在法国和国外有很多有名的大厨都是自己种菜，还想自己养牲畜，才逐渐意识到应该恢复从前的做法。

* 康德伯德熟食店。

这里的一切都是纯天然的，没有有机认证，但都是天然的。
这很正常。为什么总要去把正常的东西标准化？这些番茄和草莓，都是从地里长出来的。

当有人在巴黎跟我说有无土栽培的番茄时，我对他们说：你们在说什么啊？

鸡有鸡的养法。人们说布雷斯鸡是用牛奶养大的，而我们呢，一直都是用蘸了牛奶的硬面包喂鸡。

那时候养猪，我们都是用蔬果皮和剩菜喂它们。别人跟我们说要垃圾分类，可是我们一直就是在分类啊。

现在都没人做这些了，我和你妈妈倒是还会种点东西，她比我更健壮。

那马呢？
我很喜欢马，我父亲以前是做马匹生意的商人，我则是马贩子，我带着3匹马去集市卖，然后带回来5匹。在某段时期，我有过50匹马。

那个年代，村里过节的时候会举行赛马活动，短距离、中长距离和长距离。骑手就是养马人。这是一种民俗。我运气很好，在有生之年拥有了一匹特别棒的马，它赢了很多场比赛。
现在只剩下4匹了。这匹只有两岁，它有一个好听的名字，叫欢迎来欧特伊！到这儿来，来吧，我的乖宝宝……

这一匹有20岁了，叫法基尔·纳瓦莱。从49岁开始，我就知道我会有一匹马将在万塞讷夺得美洲奖，另一匹则会赢得欧特伊障碍赛大奖。
没有看不起我父亲的意思，我觉得我的劳动者品质来自我母亲的布列塔尼血统。我这股热爱生活的劲儿，倒是随了我父亲。

我跟我波城的朋友达维德·迪卡苏每月都平分一头小牛。
收到一整头牛的好处是，能了解如何处理它，如何正确地剔骨和分解。了解头、腿弯、腿肉、排骨、肝和心脏的结构。知道怎样处理各个部位。
做牛头、白汁小牛肉、烤肉、小里脊……这些都很有意思，也很划算。

我的客人都因为能吃到超高性价比的肉而高兴，而我也能赚取生活费……但是，我在背后做了很多工作。
我并不是仅仅买了一块处理好的肉，煎了就可以端给客人……

而且，这还能带来某种美妙的感觉。当小牛肉在清晨5点送达时，你都想跪倒在它面前！

我的供货商是让-马克·柏杜拉，贝阿恩的养殖者。

清晨5点的小牛肉

你怎么养大它们？喂它们吃什么？
很简单，我有60公顷牧场，就只养60头牛！最主要的食物是青草和干草。

你可以自己生产干草吗？
春天的时候，我们留出一些小块土地，收割干草，然后让牛在那里吃草。我们的优势就在于地方够大。

你有多少头牛？
45头母牛，25头牝犊，约20头小牛犊。这些是需要养膘的牛，会在室内待160天。那边是只喝牛奶的小牛们……
专供肉店的真正优质小牛是只喝牛奶的。它一天要喝13到14升。但是不喝还原奶，也不吃干草。

现在我们卖的价钱跟1987年我们刚起步时的价钱一样，如果没有享受母牛养殖的补贴，想要维持经营的话，我们的售价将不得不提高30%。
所以从10年前开始，我们就向个人出售了。
因为如果我们把牛都卖给只跟大型批发商合作的农业合作社，他们会将价钱压得很低，那我们早就喝西北风了。
那你们是如何维持经营的？
难的是找到终端的买家：散客，还有一些像你一样开餐厅的人，你们这样的人只占我们客户群体的1/3。

我对我的行业感到气愤，有多少人在真正做事？越来越多的人开餐厅，但是厨师越来越少。

我个人拒绝使用工业化制造出来的狗屁产品，否则我将失去乐趣，我将失去热情，我将失去快乐！！

但是法国20年来的食品产业链完全忽略了我们的需求，没有质量，没有人性化考量，只有利润至上。
照这样发展下去，我们就得把价格抬得越来越高！10年以后就完了！
你的儿子们呢？

我们有两个孩子，我们希望将我们的工作经验传授给他们，这里面包含帮助他们成就一番了不起的事业的所有要素。但是，以我们现在的收入来看……

我们的生活败坏了！我们被奴役了！你还会想让年轻人加入进来吗？！
也正因如此，我始终坚信，用不一样的方法做事，我们就可以脱身出来，开拓出一条平行的发展道路。

我们需要好的产品，你们则需要劳动价值被认可从而过上体面的生活，因为如果没有你们，我们这些人该怎么办？

我们尝试不去想这些问题，伊夫，不然生活就没有希望了。

法妮和让-巴蒂斯特·费朗在贝阿恩经营的小牛奶农场，靠近奥尔泰兹镇。

我们继承了我父母的家族产业。

贝阿恩的小牛奶

但是我们将35头普里姆-荷尔斯泰因牛换成了20头左右的诺曼底牛。尽管后者的产量更少，但是牛奶的质量更高。
这一切都是为了做出好奶酪。

我们之前意识到，有两件事是不受我们控制的，即整个产业链的两头：一件是别人花多少钱买我们生产的牛奶，另一件是我们得花多少钱为牲畜买营养品、饲料、谷物等。现在我们完全自主了。

你好，佩尤，你要去帮妈妈挤牛奶吗？

对！

这些是刚出生的牛犊，我们把它们放在这些窝里单独饲养15天。因为它们很脆弱，还不适合与其他的牛混养。

它们喝的是自己妈妈的奶吗?
对，我们挤了以后拿过来。

它喜欢吮吸……
男人们总是习惯在动物身上重现自己的感受。

它叫伊尔米娜*。
它们都有自己的名字吗?

每头都有，名字会以出生年份对应的字母作为开头。今年的字母是I。

这是一种标记它们年纪的方法，但是我们其实对所有的牛都很了解!
它是“法国电台”。

这是贝洛特，它年纪最大，8岁了。

我们只留母牛……至于公牛，那些倒霉蛋会被送去屠宰厂。
所以，我们给它们起的名字都很有意思，这头叫蠢蛋。

* 伊尔米娜的外文是Iemina。

我们有25头成年牛。
都是诺曼底品种。
为了庆祝妈妈的生日，我们会买两头贝阿恩牛。
它叫奶油面包。
我们每年生产11万到12万升牛奶，量很少。其中一半被我们用来做奶制品和奶酪，2万升都喂了小牛。
马里于斯
托恩
佩尤

剩下的由一家乳品厂来收走。

有的奶牛养殖场每天能产出3000到4000升奶，而我们最多只有300升……还是在我们能力达到的时候。
我们是绿色生产，我们的牛奶里含有很多维生素。
因为他们缺奶，我们又正好在他们收购牛奶的路上，这样很方便，特别是他们收购的性价比很高，所以他们没有吃亏。

我们接受学校参观，教大家怎样训练狗去放牧。

放鹅吗？
这是用来演示的，狗放牛时也一样。

我来演示！

过来！
停！

向左！
向右！

一头奶牛一天
能吃多少？
60到80公斤的青草或17到
18公斤的干草，因为青草里
有很多水分。
换算成干料，
质量是一样的。
我们先给它们吃青草，吃完了，我们再给它们吃
干草，苜蓿、禾本植物，都是我们从它们没吃过的
地方收割的。

草料在田里得连续晒7个大晴天，
直接在有鼓风机的谷仓里吹干要快一些。
闻起来
好香。
一年能收几次
干草呢？
这取决于不同的牧场，
我们这里一年可以收
4次苜蓿。

都是上好的
牧场，质量
上乘的草料。
还有一些玉米粒，我们可以
自己生产，但主要还是从一
个优质的绿色生产者
那里购买。

我们用冬天的厩肥来做堆肥。施完堆肥后，土壤就
变成了一种腐殖土，也没有什么味道了，但还保留
着肥料的属性，我们要给土壤补充营养。

想想以前的人都是用长柄叉来
工作，现在我们就像是
在玩游戏一样轻松。

牛吃鲜草吃得多的时候，奶是黄色的；吃干草时，奶更白。因为鲜草里面有胡萝卜素。
我们谷仓中的干草含有非常多的微生物。一个非常丰富的微生物菌群……
生奶的奥秘……

比起吃青贮饲料的荷尔斯泰因牛，我个人更喜欢吃鲜草的诺曼底牛，根本没的比，天上和地下的差别。

正是在这一点上，我们很满意，我们做了正确的选择，更换奶牛品种，诺曼底牛更适合，特别是用鲜草喂食，我们能感觉得到牛更舒服。

我们让乳酸增多，然后加入乳清，再加入凝乳素，每次产出的奶都不一样，这跟牛的饲料、季节都有关系。
奶团，是由菌类转化营养物质而形成的。
我们的牛奶里含有本地的菌类，我们要顺应它们的工作机制，这非常讲究。
我们在和一个看不见的群体一起工作。

我们的奶酪有很多种尺寸，这边的加热温度更高。
它们四五个月就成型了，就像干酪一样。

这个是鲁普杜。未成熟的时候吃起来有一种马苏里拉奶酪的味道，成熟以后则更像勒布洛雄奶酪。
让-巴蒂斯特是萨瓦人。

木香鲁普杜的身上箍了一圈云杉皮，因此有木头的香味，像瓦什寒奶酪或者蒙多尔奶酪。

木板上有孔隙，所以会保留各种菌类。我们用盐水清洗，从来不用氯或化学产品，奶酪皮通过接触木板和刷洗奶酪表面而形成。

这一块奶酪的表皮用朱朗松白葡萄酒摩擦过，名叫艾斯卡杜，在贝阿恩语里有很受欢迎、来得正好的意思，是餐馆老板们的最爱。
每个品种都有不同的特点。
这一款很有个性。

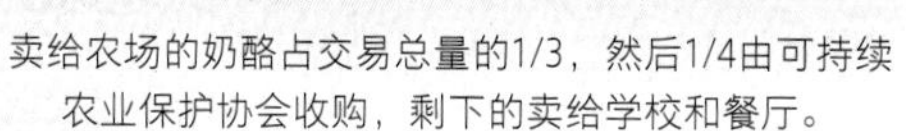
卖给农场的奶酪占交易总量的1/3，然后1/4由可持续农业保护协会收购，剩下的卖给学校和餐厅。

我们生产多少卖多少。

我们卖多少就生产多少。

阿努什卡

伊夫和朱利安·杜博埃一起在巴黎农业展上买了一头竞赛牛。
杜博埃是一位巴黎的厨师。
朱利安·杜博埃
它叫阿努什卡，出生时起的这个名字。它是A年出生的，现在9岁。它很高傲，而且作为母牛来说，有点太活泼了。

来自朗德省的洛朗·圣奥班饲养了它。农业展结束后，阿努什卡就回到它出生的地方继续成长了。
巴黎的农业展我们每年都去，为了参加农业竞赛和推广阿基坦牛。

在洛朗·圣奥班家，和让–皮埃尔·布朗代在一起。布朗代是朗德省拉讷港镇的养殖者兼屠户，就是他介绍了伊夫和朱利安·杜博埃认识。
阿基坦牛的骨头很细，因此肉的产量很高。
其中有很多是肌肉，也不能过于偏激，它们肉里的脂肪确实不多。

在巴黎的时候，它的体重是990 公斤，现在重达1034公斤。很多牛参加展会时都很紧张。
它刚好相反，它喜欢展会，很享受整个过程，它又一次大放异彩，背部的肌肉也变得紧实了。

在竞赛中拿到奖牌让人感到骄傲和快乐吗？
这代表许多努力和付出，就像高水平的体育比赛。

赛事举办方制定了一个标准和一本规范手册。我们则尝试养出完美的牲畜。我们教它怎样站立，怎么排成直线，就像马术一样。
SIA PARIS 2004
LE TAUREAU LE PLUS LOURD
SIA

我们的父辈、祖父辈教会我们这些技巧。我们教它怎么随着绳索走，给它们上鼻环，让它们收紧背部肌肉。
这有助于提高肉质吗？

赛事方在制定标准时也会考虑
如何优化肉的质量。
阿基坦牛这个品种的优点是五花肉，就是说肥瘦
相间。这一点与夏洛莱牛不同，它们的脂肪
都在瘦肉外部。
它们吃什么？
对于长肉来说，
最好的饲料是青草。

越早开始吃青草的牛，
肉会越红，而且红得多。
这就是为什么放牧
最理想，我们也没
发明出什么更好
的方法。

喂食青贮饲料是一种便利的做法，这让它们吃3个月后就能长膘。
至于喂干草料呢，则需要6个月……

这符合高效生产和人流通
的需求，但不属于好的
产品。
就跟圈养的鸡和猪一样，
40天养出的鸡！呼……
那标签呢？

有够多标签了，
主要是为了让消费者放心。
谁会申请标签呢？
都是工业企业！

他们都能给在洛特-加龙省
无土栽培的草莓申请标签！
所以我觉得标签没有任何
意义，我很抱歉这么说。

人们让消费者习惯于这该死的味道，
如果你光吃这个，当然你就习惯了。
你不再记得什么是好味道。他们消除了大家评判时依据的高标准，一旦你中套，他们今后不管什么都拿给你吃！
这一切从刚出生就开始了，喂婴儿喝还原奶……然后，学校食堂里也是。
那些习惯吃得不好的孩子，长大之后也会吃得不好。这其实是一个教育问题。

在肉店，有多少客人告诉我们："这是我小时候在爷爷奶奶家吃到的牛肉味。"

这还算好，他们还能回忆起这是在祖父母家吃到过的味道，他们的舌头接受过教育。但对于那些没有这种回忆的人……
没有标准，没有参考！

1997年我接管了父亲的农场，成为养殖户。但2000年以来，随着疯牛病的暴发，我们逐渐意识到应该离消费者更近一些。
我们开始做小箱包装，从农场直销，然后我在2009年开了肉店。跳过中间人以后，我们收益可观。这是我开店以来收获的经验之一。
阿基坦牛的肉质上乘，在大流通渠道里非常少见，因为他们卖的都是低端产品，价格也因此压得很低。我原以为我会就此破产。
然而，没想到有很多人为了吃到高质量的肉，愿意从大老远过来，花大价钱买我的肉，也许一周只来一次，我们还是能看到人们的想法在改变。

在这里，我们没有被大型超市逼入困境，一旦陷进去就很难脱身了。
最初，家庭农场实际上是能够自给自足的。后来，农业改革推着大家投资设备。
再然后，就出现了负债，情况恶化，父亲问儿子：你为什么要贷款，我那时都不需要。
然后，很多人就慢慢破产了。
我们这个行业的破产率是排名第一的，每年400到800家！
大家根本没有意识到世界的变化。
今天从事农业生产的人，受教育水平都提高了。
我们至少也是高中毕业，有的还是工程师。所以当银行职员或者会计跟我们说话时，我们知道他们在说什么。
而我们的长辈们，在听这些人讲话时，把他们当作救世主，因为他们是真正受过教育的人。
现在我们跟他们水平相当，不会再被吓唬住了！
这是一头拥有光辉历史的牛，它生了6头小牛。
它将终结于巴黎的奥德翁吧台，可怜的牲畜。
好了，可这就是它们的命运，能这样结束生命也很有价值。
小心牛排从盘子里站起来哦！

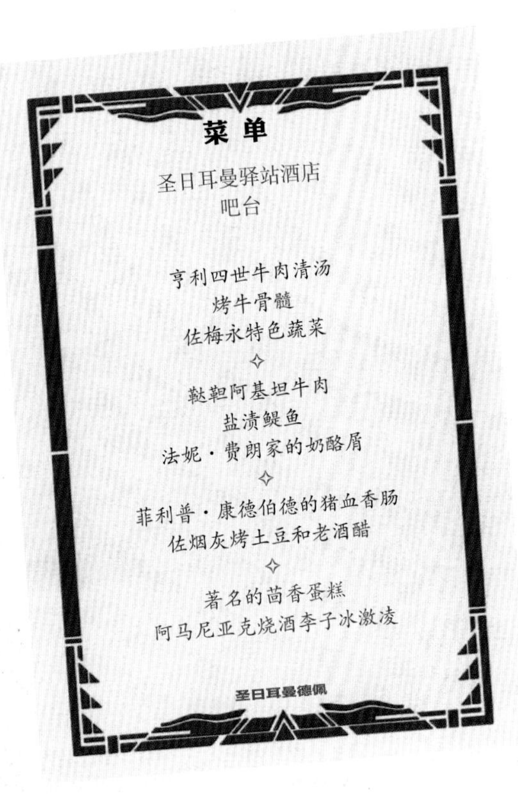

菜 单

圣日耳曼驿站酒店
吧台

亨利四世牛肉清汤
烤牛骨髓
佐梅永特色蔬菜
✧
鞑靼阿基坦牛肉
盐渍鳀鱼
法妮·费朗家的奶酪盾
✧
菲利普·康德伯德的猪血香肠
佐烟灰烤土豆和老酒醋
✧
著名的茴香蛋糕
阿马尼亚克烧酒李子冰激凌

圣日耳曼德佩

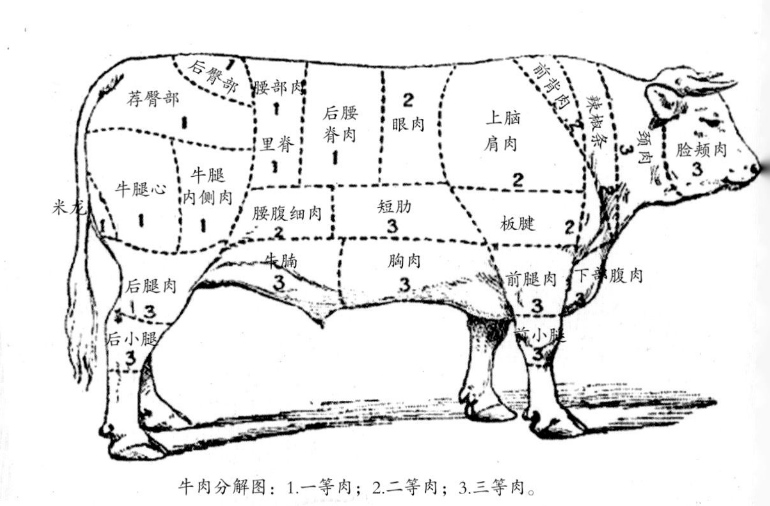

后臀部 1
腰部肉 1
荐臀部 1
后腰脊肉 1
2 眼肉
上脑肩肉 2
前背肉 2
辣椒条 3
颈肉
脸颊肉 3
里脊 1
牛腿心 1
牛腿肉侧肉 1
米龙 1
腰腹细肉 2
短肋 3
板腱 2
牛腩 3
胸肉 3
前腿肉 3
下部腹肉 3
后腿肉 3
后小腿 3
前小腿 3

牛肉分解图：1.一等肉；2.二等肉；3.三等肉。

菲利普·康德伯德，伊夫的兄弟。
在波城，我们发展了家庭猪肉食品店的模式，我们给超市和餐厅供货，在贝阿恩地区，我们是唯一一家。

别想着去钻食品加工巨头的空，做什么1块钱一份的奶酪三明治或千层面。
我们的产品是手工制作的，没有其他人做。

我们给伊夫做猪血香肠，用的是爸爸的食谱。

我们小的时候，开车去布列塔尼度假，那时都没有高速公路。

所有的人都挤在一辆R16上，爸爸在经过的所有村镇都会停车，为了品尝每一家猪肉食品店里的猪血肠。

他自己的总是最好吃的。

菲利普·康德伯德的猪血香肠
佐烟灰烤土豆和老酒醋

准备时间：30分钟
烹饪时间：30分钟

食材（4人份）

★4根贝阿恩黑猪血香肠，
每根200克（用猪肠衣制作）
★500 克大土豆（用于做土豆泥）
★4个本地甜泡椒
★黄油、盐、胡椒、葡萄酒醋、
埃斯珀莱特辣椒

准备工作

1. 在烧烤架或壁炉中生起火。
2. 仔细地将土豆洗干净，分别用锡纸包裹起来，放入炭火灰中让它们慢慢变熟。用菜刀的刀尖来试探生熟。
3. 等候20至25分钟（根据个体大小的不同），将它们从火中取出，一切为二。用勺子挖出土豆瓤，用盐、胡椒和埃斯珀莱特辣椒调味，并加入大量的黄油。高温保存待用。
4. 将猪血香肠在烤架上烤至皮变脆，完成后浇上葡萄酒醋。
5. 将猪血香肠与土豆泥和泡椒摆盘。

建议配酒：马克西姆·马尼翁酒庄，
康巴涅窖藏干红，2014年份，
科比埃法定产区。

露天散养的家禽

皮埃尔·迪普朗捷，梅拉克镇（大西洋比利牛斯省）的家禽养殖户。
我从27年前就开始养殖通过标准认证的鸡了，我当时跟技术专家学习的饲养方法，养殖业也是要学习的。

就跟做饭一样，所有的人都可以即兴创作，但这是一门职业。

需要态度严谨，拥有基本技能和对细节的把控能力，才能在质量上做到始终如一。

随着时间的推移，我申请注册了自己的商标，开始做自己的事业，这是某种形式的自由。如果出了问题，就是我的责任。

一开始从童子鸡喂起，之后有了肥母鸡和阉鸡。阉鸡只能用公的。

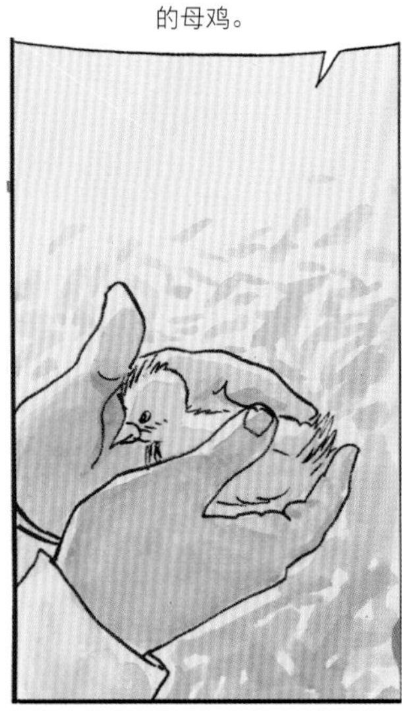
这些小鸡以后会长成肥母鸡，肥母鸡就是从来没有下过蛋的母鸡。

目标是使肉质肥瘦得当，瘦肉紧实，同时因为含有脂肪，口感变得软糯，一般把它们养到十七八周大。
我在烹饪的时候就能感觉到肉的品质。

第一步，训练出肌肉。它们直到十四五周时还是放养的。

放养的场地需要是一个斜坡，铺满碎石子，以便排水，同时也为了增加运动量，因为它们一旦到了坡下面，还需要再爬上来。

坡上还有草。

草很好，里面有蚯蚓，有矿物质，它们对于鸡就像沙拉对于我们一样重要，可以避免一些疫病，减少看兽医的次数。当你看到鸡肉的颜色发黄时，你就知道，饲养环境是健康的。
不管白天晚上，你都把它们放在外面吗？

太阳一升起，它们就出去了，日落时回来。但是你得小心狐狸，不然就是一场大灾难。有一天晚上，我的圈门没关好，被狐狸弄死了五十几只。
!!!

第二步，囤积脂肪。在外面放养了四五周以后，我把它们关在黑暗中1个月，在一个干净、安静的地方。
为什么要在黑暗中？

因为亮的地方会让它们变得兴奋，这样永远囤积不了脂肪，不能吓到它们，我进去之前会先敲一下门，你看现在很安静。

那它们吃什么呢？
我用我自己生产的玉米，配上由营养师调制的一些补充元素，比如钙、磷、氨基酸以及维生素，为了拥有均衡的骨架。

肉骨粉已经被禁止喂食了，不过我们从来就没喂过，也没有转基因食品。
那玉米是有机的吗？

不是，我几年前差点转成有机的，但是春天的种植有点困难。
我们这里是沿海地区，土壤肥沃，但是春天很潮湿，植物容易生病，怎么办？我们只在播种的时候做一下处理，仅此而已。

囤积脂肪的最后阶段，我会在它们的食物里加5%的脱脂奶粉。
为什么呢？
我本来打算按老一辈人的做法，用浸泡过全脂牛奶的面包喂它们，但是没有成功。

如果你只有15到20只鸡还行，但是当你有300只时，如果它们没有马上吃完，牛奶就会变馊。
我们跟那些四五周就能养出鸡来的密集型养殖场完全不一样。

我把小鸡和一些珍珠鸡养在一起，它们相处得很和谐。但是珍珠鸡越长大就变得越野，它们是来自非洲的品种，原先生活在树林里。
事实上，珍珠鸡就是可以飞的鸡。

公鸡嘛，我这里还剩得有几只，就是那些有鸡冠的，我们通过这个特点来辨认它们。

这些白鸭是因为基因发生了变异，或者是康贝尔鸭与绿头鸭杂交而来的。这些灰黑色的是鲁昂鸭。

鸭子，还是生活在绿草地中的最好。
就像我们一样。你如果把我们放在一个盒子里，你觉得我们会幸福吗？

它们到了晚上就回来？
它们一直生活在外面，刮风也好，下雨也好。它们去了又会回来，因为它们要回来吃东西……我喂它们整颗的谷物……

这些鹌鹑，饲养方法跟肥母鸡和阉鸡的一样。我喂养它们10至12周，而不是4周，把它们养到250至290克重，这样肉的口感才好……

这才是顶级的，真是棒极了，你看这黄澄澄的脂肪，跟野生鹌鹑比起来……这真是太美味，太嫩滑了。

我们每周一宰杀，1周大概宰100只肥母鸡。自营屠宰场的好处就是便捷、灵活……以前，宰杀工作都是外包给第三方的。我那时总是在路上两头跑。

现在，一切都在我的掌控中。我有一个雇员，还有一个过来帮我褪鸭毛的人。

我有一个由个人和优质餐厅组成的供货网络，他们看重品质和没有中间商的供应链……以及具有未来的风土*。

我希望客人可以开心，好的质量是关键。客人对我的信任全都建立在此之上，如果我放弃这份坚持，很快就会做不下去了。

这样的产品送到餐厅时，什么多余的工作都不用做，只要尽心尽力地把它呈现出来，不要遮挡了它们的价值。
真正的厨师是那些会爱惜食材的人，可是有一些人却很令人失望。

有一天，我妹妹去一家星级餐厅吃饭，在菜单上她看到了“迪普朗捷的鸡”，我的最后一批产品6个月前就送走了。

只是为了把我的名字写在上面让菜单显得好看，而货源其实来自别处。这样做一点都不真诚，这让我很不舒服！

过来喝一杯吧！
你事情不少，皮埃尔，我们就不打扰你了。

或许有一天我们会有时间的。

你看到南奥索峰了吗？我在那上面喝过一杯安托万·阿雷纳的卡尔科干白。

* 未来之乡，见本书第88页。

皮埃尔·迪普朗捷的烤母鸡佐香芹蒜味黄油

准备时间：45分钟
烹饪时间：75分钟

食材（4人份）
★一只土鸡（最少3千克）
★250克布列塔尼半盐黄油
★一把法国香芹
★一咖啡勺蒜蓉
★1千克削干净的牛肝菌
★150克鸭油
★1/4根法棍面包
★胡椒、盐之花、阿马尼亚克烧酒

菜单

圣日耳曼驿站酒店
吧台

贝阿恩香肠派
佐油醋汁蒲公英沙拉

萨利德贝阿恩盐
腌制阿杜尔河野生鲑鱼
佐贝阿恩酱汁

皮埃尔·迪普朗捷的烤母鸡
佐香芹蒜味黄油
比利牛斯牛肝菌

正宗阿提加莱德俄式蛋糕
巧克力碎开心果冰激凌

圣日耳曼德佩

Pierre
Duplantier
皮埃尔·迪普朗捷

准备工作

1. 选择一只由玉米和蘸过牛奶的面包屑喂养大的肥母鸡，颜色要比较黄，肉质结实，脚爪柔软，眼睛发亮，鸡冠鲜红。处理母鸡（掏空内脏，拔去鸡毛，清理干净）。从脖子根部开始，用手轻轻地将鸡皮与肌肉分开，不要把皮戳破。这个过程需要非常仔细、耐心。将处理好的鸡存放在一个阴凉的地方。将香芹切碎，与半盐黄油搅拌。加入蒜蓉和大量胡椒。用勺子将混合物塞进鸡肉与鸡皮之间，一边塞一边按揉鸡皮，以便让混合物均匀地分布于全身。用半盐黄油涂抹法棍面包并将其塞入鸡屁股后部。
2. 用细绳将整只鸡细心地捆住，然后放入生铁平底锅中。用盐和胡椒调味。将锅置入烤箱中，180度烤1个小时，根据鸡的重量烤制时间略有不同。在这1个小时中，每9分钟都要给它翻一个面，同时持续用烤出的鸡油浇在它的全身。在烤制快要结束的时候，浇一小勺阿马尼亚克烧酒。
3. 在烤制母鸡的过程中，用鸭油煎熟牛肝菌，然后将其沥干油，切成块，之后再回锅炒至着色，最后撒上切碎的香芹和盐之花调味。将鸡肉摆盘，配上炒制好的牛肝菌，并佐以用醋调味的沙拉。

建议配酒：皮埃尔·欧维诺庄园，萨瓦涅干白，2011年份，阿尔布瓦-皮皮兰法定产区。

来点儿面包蘸酱汁吗？

有一些大厨
自己做面包。

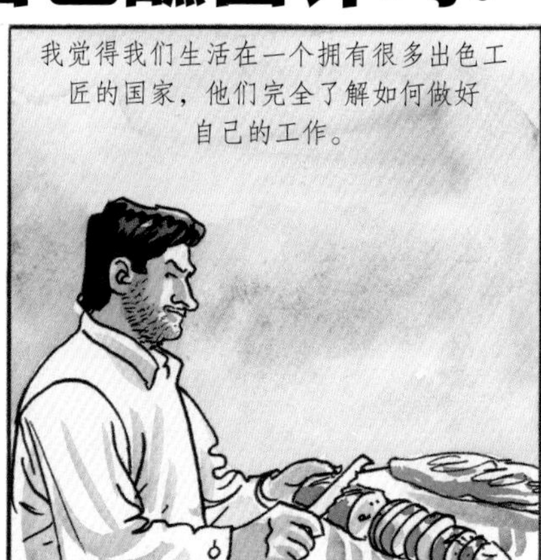
我觉得我们生活在一个拥有很多出色工匠的国家，他们完全了解如何做好自己的工作。

所以我有几个长期合作的面包师。

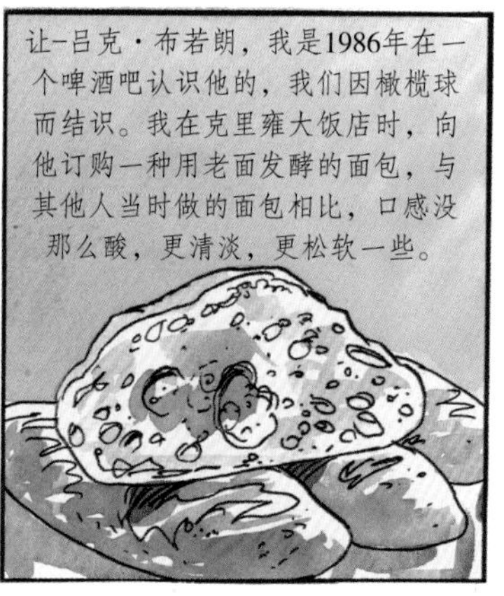
让-吕克·布若朗，我是1986年在一个啤酒吧认识他的，我们因橄榄球而结识。我在克里雍大饭店时，向他订购一种用老面发酵的面包，与其他人当时做的面包相比，口感没那么酸，更清淡，更松软一些。

从1988年到1992年，我们都在一起工作。1992年我刚买下瑞家来小酒馆时，他给予了我很多帮助。他是西南部朗德省蒙德马桑市人。

他给无数的餐厅供货，还有一个排队清单。有一点非常厉害，就是他做出来的面包都非常规整，就像是面包中的瑞士手表。

我也跟蒂埃里·布雷东*合作，他为“阿旺吧台”送乡村面包，热拉尔·缪洛则供应早餐法棍，让-吕克·康斯坦蒂做的玉米面包则是搭配晚餐的美食。

还有亚历克斯·克罗凯，他自称为“面包狂人”，他也的确人如其名。我非常乐意与他合作，但是他不可能满足全部需求。

* 见《舌尖上的法国：冬藏春耕》第10页。

我的祖父莱昂·康斯坦蒂在1923年创办了这间面包房，
我的曾祖父曾经是面粉厂主。
BOULANGERIE PATISSERIE*

面包的对角线

让–吕克·康斯坦蒂是贝阿恩地区的
拉讷昂巴雷图斯镇上的面包师。
那个时候，小麦都是用石磨来磨成粉的，人们都用手在木质和面缸里揉面……
他们的胳膊都很强壮。

1967年的一场地震把一切都毁了。我们重建了房子。在我30岁的时候，大约10年前，父亲去世，我接手了面包店。

在那之前，我曾经上过雷诺特顶级厨艺学院，也曾经拜皮埃尔·埃尔迈为师。从那时起，我就专门研究糕点、糖果以及巧克力的制作。

面团从昨天就开始发酵，今天早上6点揉好的。
你父亲那时候就开始做玉米面包了吗？
这一款是我发明的，他做的是不放香料的。

比利牛斯山脉地区是非常重要的出产和消费玉米的地区，这里有白玉米、黄玉米……我向面粉厂主提出想要的面粉品种，但是混合由我来做。
最难的部分就是找到小麦和玉米最佳的配比，以及合适的香料剂量。

我们会称重，但即便不称，我们也能够保证面团的重量是准确的，这就是每天重复劳作积攒起来的经验。

手上功夫了得，每一个动作都很漂亮。

* 面包店/糕点铺。

罗梅里欧是一个古巴人，之前在纳瓦朗克斯制造雪茄，
他那时负责卷制雪茄。

他的鼻子十分灵敏，
能闻出烟草中的酵母味。

他到这儿来参加一个针对
雪茄工人的培训，但是
遭遇了裁员……
他曾经想成为
面包师。

我们之间很快擦起了火花。他学
得非常快，我对他很有信心，现
在他已经在这里工作几年了。
这跟做雪茄
可不一样。

这个颜色发橙，是
因为加了埃斯珀莱特
辣椒吗？
埃斯珀莱特辣椒，
我们最后才加。

在烤制过程中，它的体积会翻倍。为你做的面包，
我们只预烤制20分钟，然后你在餐厅里
再继续烤制。
否则，应该总共烤
40分钟。

闻闻看，香不香？
BINI

我所有的面包都是用老面发酵的。早上6点开始揉面，直到中午才结束。第二天凌晨两点进烤箱。面团需要松弛24小时，甚至48小时。

泉水，老面液，跟我祖父那时候的做法一样，他用蜂蜜和裸麦面粉来做老面。

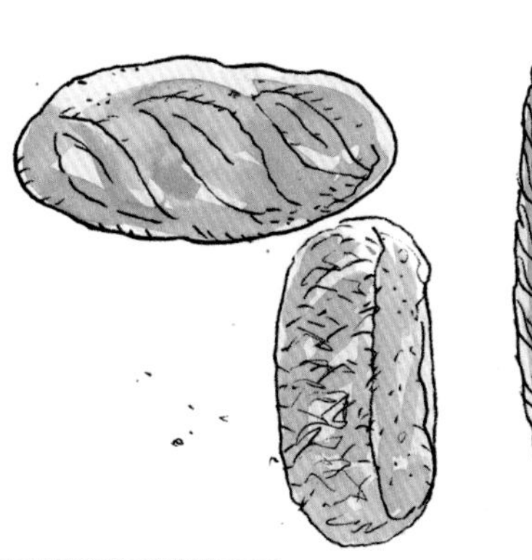

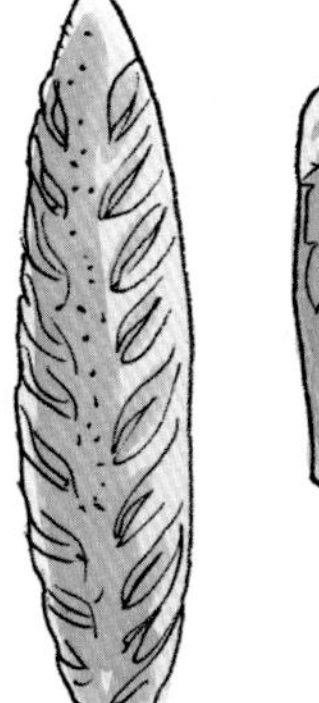

每天都需要让老面液重新发酵，它就像个婴儿一样，如果全家都出门度假，也要随身带着老面液和面粉。

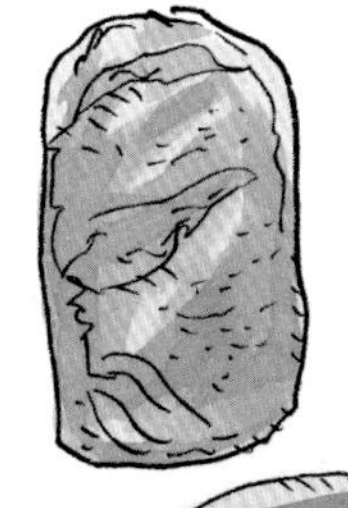

我也用这种硬的老面团，这团老面诞生于1964年，是一个意大利老先生给我的！

你是怎么认识他的？

我当时想要做意大利的托尼甜面包，而他是用老面做这种面包的教父。

我们两个相当合拍，他送给了我一卷发酵面团。

我每天早上6点都会重新发酵这团老面，用38摄氏度的水和一种特殊的面粉来保持酵母的活性。

随后，我再加入30摄氏度的水，把面团压平，然后再把它卷成千层。

天然的酵母和面粉，配比一直保持不变，不需要改良。

我们始终要让面团保持相同的体积，通过一双完美的手，只有我可以碰它。

大约10年前，我通过吃你的面包认识了你，我吃的时候说这是什么面包，怎么能这么好吃！
然后我们就在巴黎见面了。

可以跟这里的人合作我感到很荣幸，我那位于奥德翁广场的吧台小酒馆里的面包就来自这里。

你为你的土地、你喜爱的故乡，做出了贡献。你说起话来很激励人心，因此能吸引来很多人。
我啊，骨子里是贝阿恩人，想的就是这些东西！

我对度假不感兴趣，我喜欢的是谈论工作，跟我同行业的伙计们讨论，一边吃喝玩乐，一边聊天交流。

我聊起我的职业时都会起鸡皮疙瘩。
真爱呀！真爱！

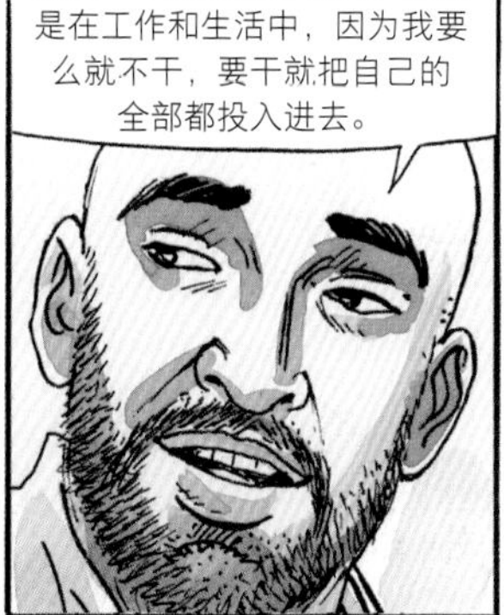
我是一个充满激情的人，特别是在工作和生活中，因为我要么就不干，要干就把自己的全部都投入进去。

此外，我的妻子纳塔莉给我买了一个拳击球和一副拳击手套。
幸好有她支持我这样的家伙，我有一位非凡的妻子。

有时，如果我工作负荷太重，她就跟我说：“去巴黎见见你的朋友们吧，开心一下！”

我就去个两三天，回来的时候，整个人又充满了力量。

亚历克斯·克罗凯是在里尔区附近瓦蒂尼市的面包师。全世界的人都来看他，有一些人还认为他是全世界最好的面包师。他用自己的老面制作面包，可以说他连做老面用的水都是自己做的……

一开始，我其实是糕点师，但是，做面包的时候我开始接触老面，老面的根基是发酵，发酵可以塑造面包，使其具备松软的口感、风味、活力和野性。这驱使我开始寻找一种纯净的水。

面包狂人

纯净的水？

做老面就是在培植微生物，但是自来水里含氯，氯会消灭微生物，所以用自来水是很荒谬的事！我开始是用渗透法过滤水，以便去除水中的氯、重金属、杀虫剂等等。

但是问题在于纯净的水，就是死水！河水在蜿蜒曲折的河道中流动，既唤醒了自身的活力，又给流经之地带来了生机……

接着进入到互动阶段：胶态的水具备让水中的固体物质移动起来的能力……这就是水的交流能力。

在大自然中，每当有暴风雨的时候，农场的动物们都会自然而然地去饮水槽喝雨水。这种水富含负离子，对它们有好处。所有动物都知道这一点……家里面的狗和猫都会找到有活力的水，而不是别的水。

地下水勘探者就有这样的本领。他们知道最棒的水是流动的水，是汇合了很多支流的水。

在经过漫长的洗礼式的旅程，流淌过让它更有活力的土地，水终于要与人见面。这就是地下涌出的天然水，它具有使人身体康复的能力。

以前，我们管这叫“青春之泉”*，人们就在这股非凡的泉水周围安下家来。

于是，我请了一个专门雕刻喷泉的雕塑家，让他帮我在面包房里建了一条真正的河流。

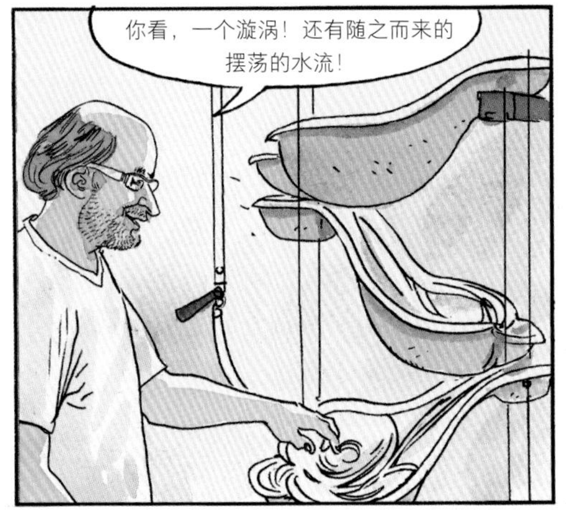
你看，一个漩涡！还有随之而来的摆荡的水流！

你看这多美啊！

* 指神话中使人重返青春的泉水。

运动加上相遇。我的面粉、老面和常温的水……
当我们喝到有活力的水时，它会把能量传递给你的身体。
喝这种有活力的水是让自己保持活力的一种方式吗？
BONGARD

我关于水的所有研究都是为了让面包拥有好的质地……水是面包师第二重要的原材料。

有活力的水能做出口感丰富、奔放的面包！

我们也可以通过说话向水传递信息！我之前做过，但是后来停止了。那时我的面包房变成了一个实验室！面包需要通过我来表现出它的魅力，而不是反过来了。
我们用的是一种感性的方法。

相遇，运动，融合……

我很喜欢保留一种纯真的视角，始终心怀激情！

你只需要认真去观察、倾听，就会发现很多东西。我看着面包房里的小河在流淌，抬头看到我的和面机，如行星公转般的运动，就像是一段芭蕾舞。我再看看我的面包，它表现出来的是直率……
BONGARD

发酵可以让面包生成蜂窝状的小孔，带来好的口感和芬芳的味道。揉面是一种不断画圈的动作。在我的面包房里流淌着的激起漩涡的小河流是有活力的水……
我的面包需要这样的水，这样才能做出好吃的面包。

每3个小时我就要照
看一下我的老面。
它的保存温度
是多少？

30摄氏度。动作要轻柔，
像在哺乳室，像在孵化
箱……这就是你将要
吃的东西。
要轻柔，
就是这样……
你在照料婴儿，把它像小宝宝
一样放在襁褓里……

不不不！
不要用手去摸！
如果你的手带进去了别的
微生物，那整个味道就不
对了！所有的搅拌器都必
须经过严格的消毒。手都
要用肥皂清洗干净！

老面永远都不能直接与面粉揉在一起。
始终要以水为媒介。

再过一小会儿，那个十字就会裂开，
我到时会像削苹果一样把外壳削掉，取出
里面的芯，它就是我们可爱的老面。

外壳可以用来清理我的压面机，它可以带走
机器上所有的残留物，之后，我要用这台
机器来压混合了活力水和面粉的老面芯……

最初是老面，然后混入面粉和水，经过时间
的发酵，它便获得了生命，如果你忽略它，
它就会消失掉……

你本是粉末，
终将归于粉末。

发酵的巧妙之处在于它是有生命的，但更妙的是，它是创造生命的关键元素！
这是疯子干的活！
但是这些原材料会感谢我们，我称之为互补原则。

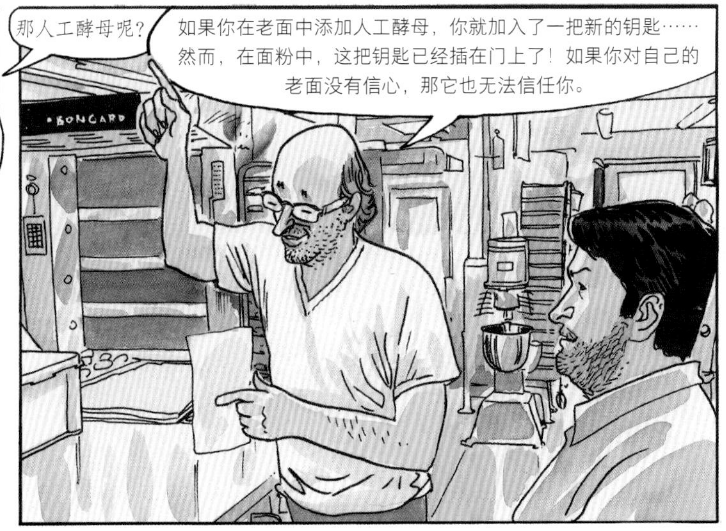
那人工酵母呢？
如果你在老面中添加人工酵母，你就加入了一把新的钥匙……然而，在面粉中，这把钥匙已经插在门上了！如果你对自己的老面没有信心，那它也无法信任你。
BONGARD

人类在大自然中观察到了螺旋状，在水里，在植物中，在贝类上，他们为这种形状感到着迷，却不知道它所象征的意义……

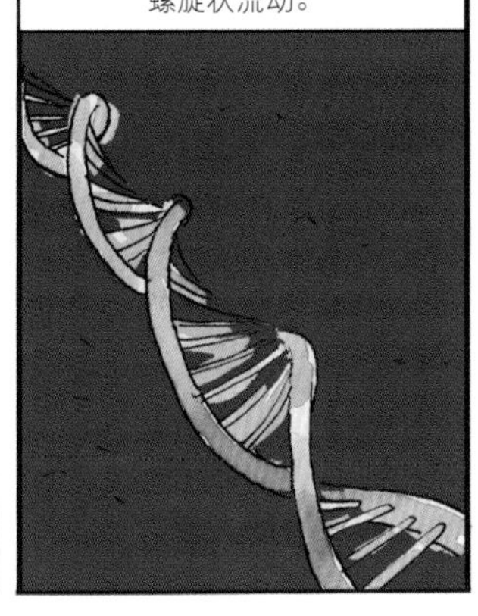
最近，人们发现这种螺旋状存在于人类的基因中。我们看到水的活力通过这种螺旋状来表现，人体内的血液呈螺旋状流动。

喝有活力的水可以让身体的活动保持连续性。

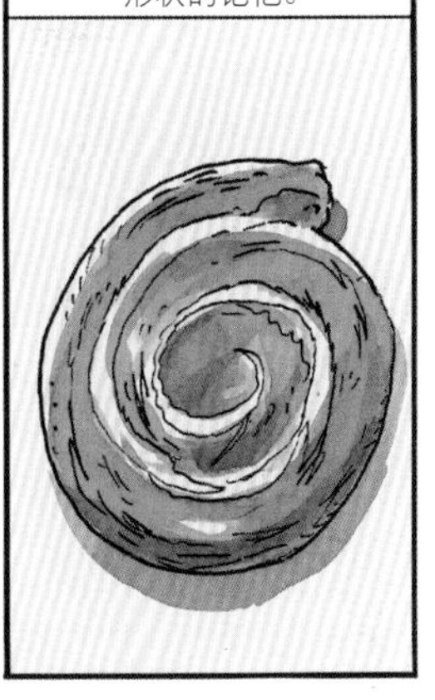
当我把这个面包做成螺旋状后，它会变成一个球，但是在烤箱中，它又恢复了自己的形状，这就是形状的记忆。

烟草的焦甜味、打湿的干草味，就像森林里的腐殖土。就生物学意义而言，土壤也是一种微生物的变体，只是时间的问题。

在生活中，我们最容易忘记的就是时间。
还有你在做事时所施加的意愿，我能感觉到，这种形式的投入……你把人的意志和情感带入你在做的事情中。

这就是生活！令我激情澎湃的生活！没有多大的成就，但是边界不断被拓宽。

你必须超越一个边界才能了解它！当你跨过边界一步，眼界就会变得更宽广。

我每天工作12至14个小时，一周工作7天！
你从不休息吗？
我从来都是拼尽全力！

即便我7点钟才睡，如果7点半就要起来，那我就睡半个小时。
有时，我会站着工作26个小时，但是，我每天都需要躺半个小时。
要注意身体，亚历克斯，我的天啊！

但你也是一样的！
我至少还睡2到3个小时，哪里我都能躺下。我的运气就在于，不管在哪儿我都能睡着！

面粉你是从哪儿进货的？
一个乡下的磨坊主给我提供面粉，他住在香槟地区与默兹省的交界处。还有一个在瓦兹省的小磨坊主，他给我提供非杂交的有机面粉。

这种一粒小麦来自法国南部，曾经是古罗马人的食物。斯佩尔特小麦则是以前法国北部高卢人的食物，很难揉开。
farine*
6 céréales
bio

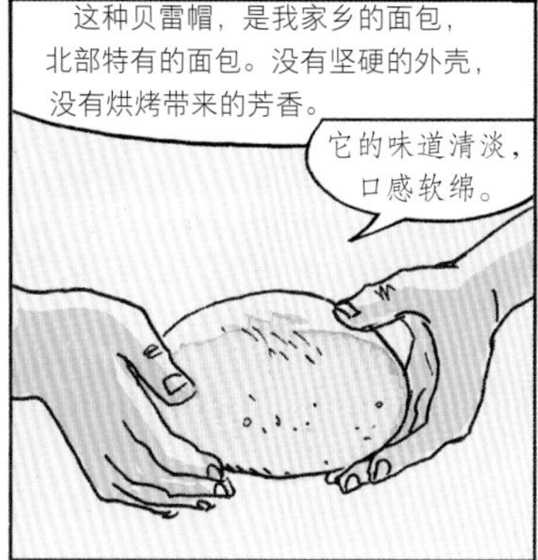
这种贝雷帽，是我家乡的面包，北部特有的面包。没有坚硬的外壳，没有烘烤带来的芳香。
它的味道清淡，口感软绵。

有一次，几个日本人来光顾我的店，他们品尝了我的贝雷帽后对我说："面包应该是甜的……"我们吃面包的时候，应该认出食物本身的味道，面粉中75%的物质是淀粉，它本身就是一种复合状态的糖类。

乡村面包，它的味道非常丰富：黑麦带来的香料味，小麦带来的干草香，面粉让二者结合，再加上老面发酵……

法棍，切割时的响声，外表，质地，焦糖、香料、巧克力的香气……

三种元素必须相互作用。
老面，是不断发展的味道，它的酸味会让人分泌唾液！
坚硬的外壳，是香味的来源，引起人的食欲，是讨人喜欢的关键。
小麦，是面包的爱抚……

* 有机面粉。

面包的油亮度！它应该是可以反光的，因为在面粉中含有1.2%的油脂。

油脂是香味的固定剂，相当于一位保护者。火腿之所以好吃，是因为它的油脂。过去，人们都是使用油脂而不是酒精来锁住香气。好的面包摸起来应该是像奶油状的！

面粉里也含有类胡萝卜素，这是天然的染色剂，是必不可少的！

如果你将它去掉，面包会失去好看的颜色和应有的味道。

吃面包的时候，吃的是一种生命。你闭上眼睛，试着感受你吃到的是什么。

盲品，让香气散发出来，它们非常丰富，并且非常和谐！
香气纯净、直率，与味道相符。这就是我所说的坦诚的香气。

你的热朗姆巴巴蛋糕，真是太美味了！
它的蜂房形状很美。放一点绿柠檬、一点香草，不加糖。

餐厅盘子上的热朗姆巴巴蛋糕，他们永远都做不好。只要加一个冰激凌球或者烤过的当季水果就会超级好吃……

我要在餐厅里做这个，并将它命名为亚历克斯式橙香热朗姆巴巴！

菜单

圣日耳曼驿站酒店
吧台

煎裹蛋液吐司佐汝拉黄酒
及黄油蛋黄酸醋酱
里舍朗舍松露
✧
荞麦面饼
纵带羊鱼
特雷邦甜洋葱
✧
鸭肉鹅肝汉堡
比利牛斯羊奶酪煎馅饼
佐榛子黄油酱汁
✧
橙香温热巴巴蛋糕

圣日耳曼德佩

巨型橙香温热巴巴蛋糕

准备时间：55分钟
烹饪时间：30分钟

食材（4人份）

★250克面粉 ★10克糖 ★5克盐
★两个鸡蛋 ★1250毫升牛奶
★17克面包专用酵母
★60克熔化后冷却的黄油

准备橙香酱

★80克糖 ★100毫升橙汁
★100毫升柠檬汁
★100毫升橙香干邑甜酒柑曼怡
★150克黄油

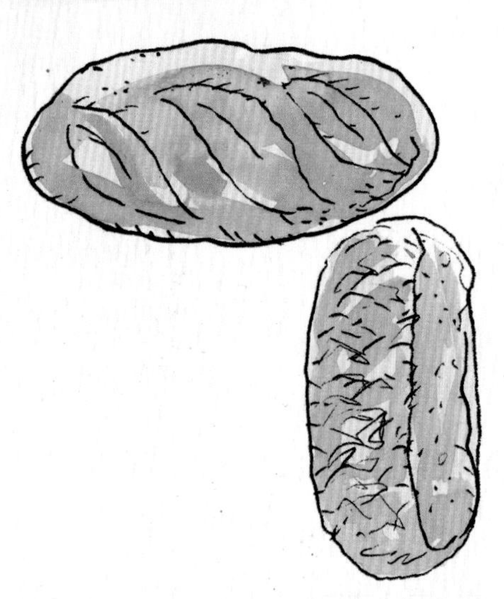

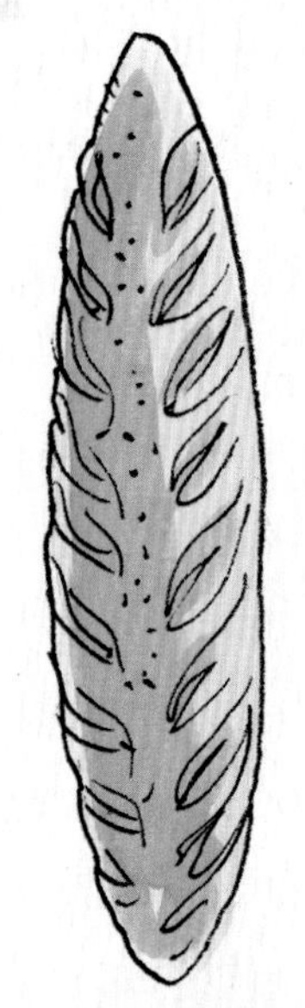

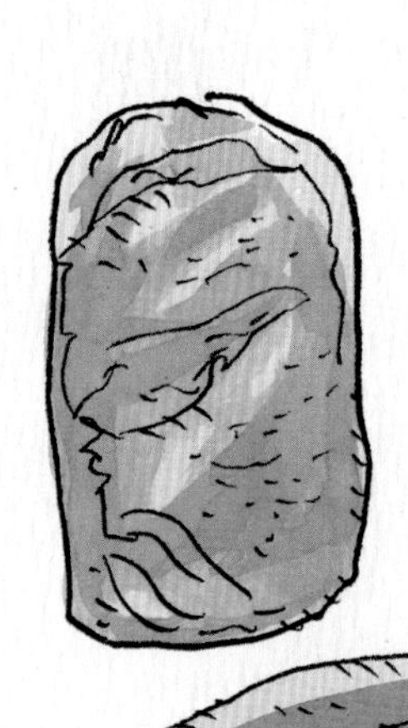

准备工作

1. 在一个圆盆中，用牛奶溶解酵母，待用。
2. 在一个搅面器中，放入面粉、糖和盐，再逐个打入鸡蛋。
3. 慢慢加入酵母与牛奶的混合液，让机器再搅拌一会儿，直到混合物的质地变得均匀。
4. 倒入熔化的黄油，注意黄油呈液体状且一定要是冷的，再继续搅拌4到5分钟。
5. 在一个直径为22厘米的萨瓦兰蛋糕模具上抹黄油，将搅拌好的面糊填入容器。
6. 将模具放在一个温度较高的地方，让它发酵膨胀40分钟。之后，将它放入预热到200度的烤箱中，烤制30分钟。
7. 将刀插入蛋糕中确认烘焙的程度，如果烤好了，刀刃会是干燥、洁净的。将烤制好的蛋糕从模具中取出，放在网状烤架上晾凉。

橙香酱

1. 在平底锅中倒入白糖和一小勺水，烧开至变成焦糖色后转小火，加入柠檬汁和橙汁溶化锅底的焦糖浆。收一些汁，然后加入柑曼怡，再加入黄油使质地变得黏稠，保持热度。
2. 在还有点温热的蛋糕上轻轻地淋上热的橙香酱汁，蛋糕要全部被浸润。
3. 搭配香草味发泡鲜奶油。

建议配酒：孟德斯鸠庄园干白，2014年份，朱朗松法定产区。

Alex Croquet
亚历克斯·克罗凯
Jean-Luc Constanti
让-吕克·康斯坦蒂
Thierry Breton
蒂埃里·布雷东

地下盐

大西洋比利牛斯省，萨利德贝阿恩市。
为什么这水是咸的？
原因很简单，这儿在几百万年前是海洋，当海水慢慢退去以后，将盐留在了这里。
盐都位于地下，在1000米深的地方，含盐层的厚度约为800米。地下水通过毛细作用回到地面，水中含有很多盐分。

这地下盐是可再生的吗？
不是，但通常认为它是用不完的。因为每1升水中含有300克盐，跟死海的盐浓度是一样的。
路易·杜博埃，又名路路
迪迪埃·富瓦

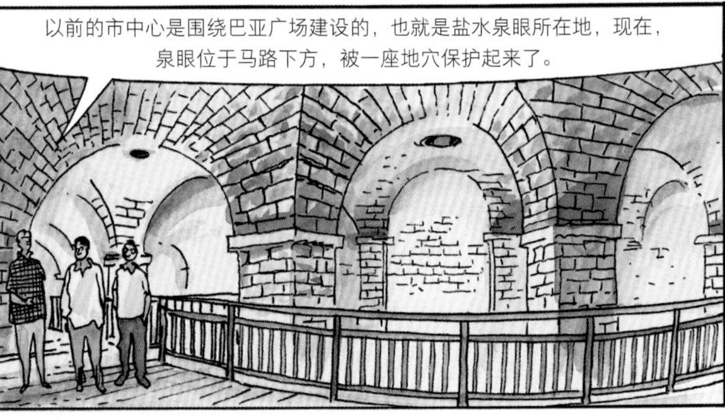

以前的市中心是围绕巴亚广场建设的，也就是盐水泉眼所在地，现在，泉眼位于马路下方，被一座地穴保护起来了。

大约在19世纪60年代，人们修建了这些蓄水池，那个时代正是温泉浴室和盐场兴起的时候。

盐的开采是从什么时候开始的？
传说一只被猎人打伤的野猪跑到了森林中央的沼泽地里等死……

猎人在几天后找到了这只死去的野猪，尸体保存得很好。就这样，他们发现了沼泽地中含有非常多的盐。

那时候做盐生意是特别赚钱的，人们以这片沼泽地为中心建立起了一座小镇，从那时起，这座城市的标志就是一只野猪。
还有一句贝阿恩语名言："Si you nou y eri mourt arres n y bibere"，意思是"如果我没死，大家就都别想活"。
MVSEE

但事实上，开采盐的时代可以追溯到公元前1700年。

高卢人是最开始养猪的人。他们需要用盐来保存食物。之后，到了古罗马时期，出现了一段短暂的工业化时期。
MVSE

从1587年开始，国家对使用盐水进行了立法。盐水属于利益相关者。
利益相关者？

就是住在这里的所有居民，他们都有权拥有一定份额的盐水。
所有的人都能拥有一份吗？
必须在这里出生，并且组建了家庭，但是只能传给最年长的继承人。

每隔6个月，利益相关者就可以到泉眼那里打一次盐水。必须等泉水达到某个高度才行。
为了防止有人弄虚作假，当时的人们制订了一个明确分配份额和打水时间的清单，取水时就好像在家和泉眼之间赛跑，他们甚至雇佣了短跑运动员！

人们发明了在烤炉里蒸发掉水分以析出盐的方法。

我们把盐水倒在当地特制的铅锅中，我们叫它罗姆锅。之后将盐水加热，最先出现的结晶就是盐花。
这跟海盐有什么区别？

我们这儿的盐含有镁和其他矿物质。
我们正在把水沥干。你可以摸一下边缘，经过长时间浸泡盐水，那里已经凝结了盐结晶。

盐花转变成粗晶体，看看我们用整整两只桶收集到的盐！它洁白无瑕，散发着芳香。
看起来像盖朗德的盐，哈哈哈！
谁说的啊？！

好人之间*

蒂埃里·帕尔东是一家腌货店的老板，他的店位于贝阿恩地区的科阿拉兹市，儿子西尔万和儿媳克莱芒丝一起帮他经营店铺。
干黑猪肉这行，需要热爱……

我们重新定义了季节的轮回：12月，寒冷潮湿；之后，从1月到3月，寒冷干燥……
这里是腌制间，温度很低，保持在2到4摄氏度之间。
这是一种潮湿的冷。
我们不做通风，不然肉会变干。

越是潮湿，盐就能越快腌入肉中。我们用盐搓抹火腿的肉眼部位。一周以后，盐就进入肉中了。

因为我们盐放得比较少，所以最关键的是要让盐快速地渗透到火腿中。
是萨利德贝阿恩的盐吗？
对我来说，这是最好的盐。

只有盐吗？那这香气是哪儿来的？
这是杜松子的香气。
它能带来一种烂熟的炖肉的香味。

现在是二三月份，这段时期要让产品保持在一个稳定的状态，温度始终控制在3到5摄氏度，但环境应该是干冷且通风的。
能感觉得到，就像在山里一样。
在风干的过程中，盐分就会向骨髓渗透。

风干是让火腿开始慢慢发酵，之后就交给时间了。
这其中还有一个化学反应，水分子和盐分子之间的。

* 法语的好人（gens bons）与火腿（jambon）谐音。

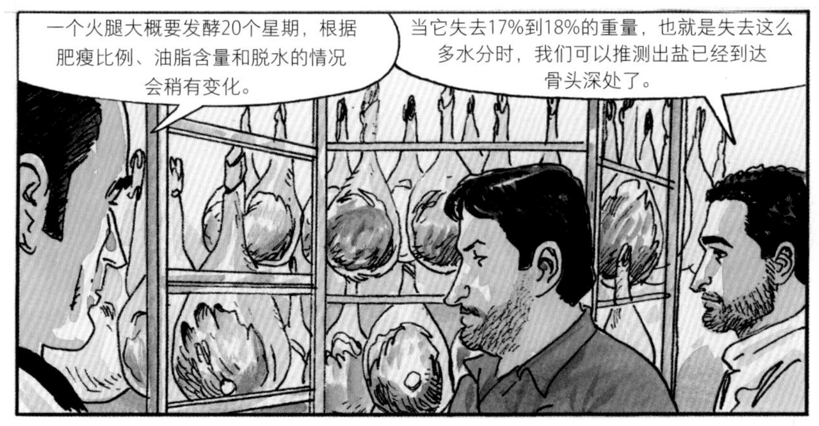
一个火腿大概要发酵20个星期，根据肥瘦比例、油脂含量和脱水的情况会稍有变化。
当它失去17%到18%的重量，也就是失去这么多水分时，我们可以推测出盐已经到达骨头深处了。

接下来，让温度的回升发挥作用，三四月温度达到14、15摄氏度，香气继续变得丰富，火腿开始着色，获得风味……我们让它继续发酵。

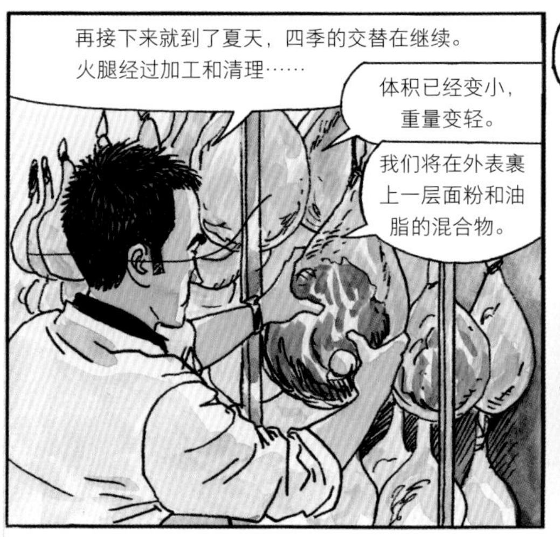
再接下来就到了夏天，四季的交替在继续。火腿经过加工和清理……
体积已经变小，重量变轻。
我们将在外表裹上一层面粉和油脂的混合物。

以前我们用的是烟灰。
现在不准用了，但是烟灰有利于火腿的保存，可以阻挡苍蝇……

到这一步，火腿已经失去28%到30%的重量，它现在变得更加成熟和稳定。
在接下来的一年里，它还会再失去5%到6%的重量。

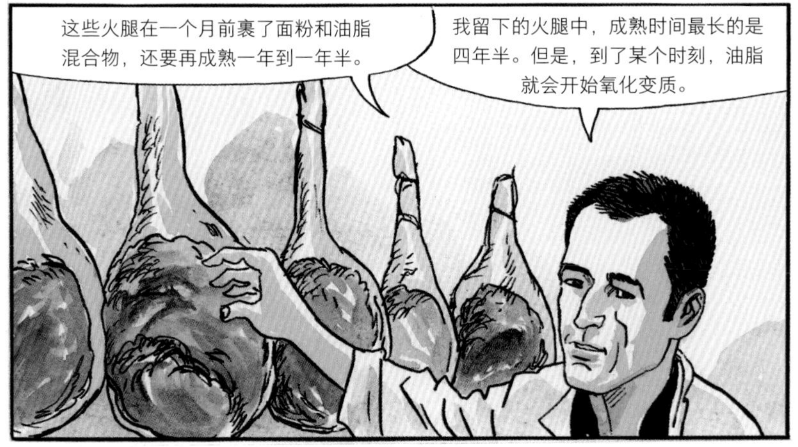
这些火腿在一个月前裹了面粉和油脂混合物，还要再成熟一年到一年半。
我留下的火腿中，成熟时间最长的是四年半。但是，到了某个时刻，油脂就会开始氧化变质。

一般来说，我们会让它们成熟两年到两年半。

这里是成熟窖。差不多有供应两年的储备。
全都是你们的吗？
大部分是。还有一小部分是皮埃尔·马代龙的。
你们每周可以出产多少个？
有的周一个也没有。
有的周可以出20到30个。
只有它们真正成熟了，我们才出货。

用肉眼就能看出来。你看那只纤细的蹄子，还有这一只，它有一点瘦。
看起来像哈武戈火腿。
当火腿呈现这样的状态时，说明成熟得很顺利。

2003年酷暑的时候，火腿内部的温度达到了28摄氏度。油脂都不是白色的，变成粉红色了。

地上到处都是熔化成液体的油脂。晚上我过来看，这里面简直太热了。

那当时的火腿好吃吗？

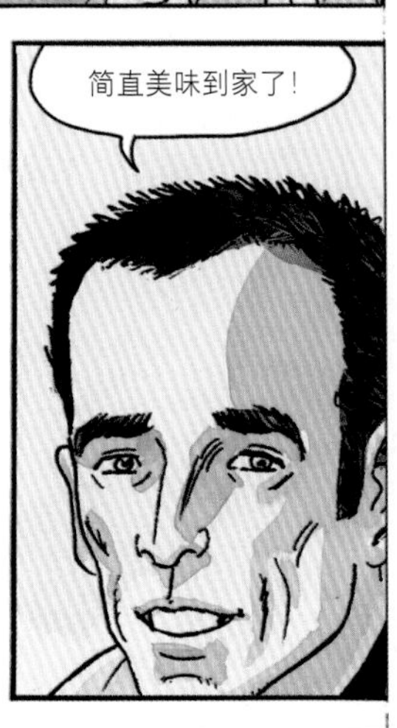
简直美味到家了！

它们是时间和热爱的结晶。
一大早，我们就很开心可以到这里来！
这种精准度和敏感性真是令人印象深刻。

我们自认为是手工艺人，这里出产的火腿没有一只不是我们亲自经手的，对吧，孩子们？

我父亲就是干这个的。他1986年去世了。四五年后，我重新进入这个行业。那时我只有二十来岁，用新的方法重新开始……

现在，我身后有了孩子们，他们将继续下去。

从前，在农场的门前，挂着四把钩子，我们在上面挂火腿。这是一种展示财富的方式，也是一种文化。每周日的中午，我们都会吃一片火腿。
自己的猪养了一整年，我们尊重它，杀掉之后会在来年慢慢吃掉它。
现在，我们都不陪着家畜一起去往屠宰场了，如果运输过程不顺利，家畜能感觉得到，它会紧张，那么肉就不会好吃。因为紧张的时候会分泌一种毒素，让肉质变硬，之后盐就会很难渗入肉中。
如果你不尊重牲口，大自然也会回敬你。
过去，我们用橡木建造厨房的时候，需要等到月亮历合适的日子才能伐木。现在，到处都是高科技，人类都登上月球了，可我们用橡木建造的厨房，门都会开裂！

我们不会强行晾干火腿，而是由火腿自己决定。老一辈人是这样做的，那一定有他们的道理。
我们回归过去，否则就来不及了。

有机的有什么不同吗？
没有，有机往往是指人的操作，而不是猪肉。注意哦，我并不是说有机的不好。

真正的有机，要求是很严格的。我做的不是有机食品，但这不一样。我卖的不是有机标签。

我们现在跟皮埃尔·马代龙合作，他自己养猪，我们一会儿就去他那儿，你会看到：
在草地上，在树林里，它们自由自在地奔跑。
他也是，他有的是时间……

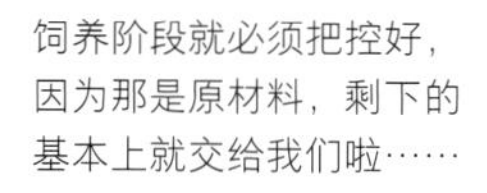
饲养阶段就必须把控好，因为那是原材料，剩下的基本上就交给我们啦……

我们卖的是幸福，不是火腿！我们在给火腿抹盐的时候就跟看到客人满意时一样开心，我们希望和顾客保持这种关系。
好人之间的交流！

比戈尔的黑猪

皮埃尔·马代龙，位于热尔省拉瑟拉德市的养殖者。

你也养牛吗？
养了几头加斯科牛，这是当地乡村的一个品种，肉肥瘦相间，不论是风味、嫩滑的口感，还是肉的纹理，都十分特别。
这些牛和猪，它们和谐共处。

你给它们的鼻子戴了一个环？
对，为了防止它们用鼻子拱地破坏草场。对于比戈尔黑猪来说，最重要的就是草，它们生来就会到处寻找食物。

它们跟伊比利亚猪很像。
伊比利亚猪生活在冬青栎树林中，吃橡子长大。橡子可以帮助动物生成非常优质的油脂。

我们这里的猪，主要吃草，它们身上的脂肪类型是不一样的，但质量同样上乘。现在，比戈尔黑猪法定产区的规定是，60个养殖者，800头种猪……
你们可以养更多种猪吗？

不会，我属于全力反对增加种猪数量的养殖者。
为什么？

当你养得少的时候，才可以养得更好。现在我们已经建立起一条运行良好的供需链。如果我们发展壮大得太厉害，必然会失控，就像以前与合作社的合作。

它们还吃什么特别的东西吗？
除了吃草以外，它们还吃一些谷物。到了秋天，还会吃一些美味的橡果和栗子。
一头猪一般会生长8到10个月，之后停止长大，开始长膘……

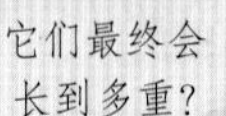
它们最终会长到多重？
180到215公斤，最小的也有160公斤。

这边是产房。我们的猪崽都是在这里出生的。在比戈尔黑猪的法定产区，我们是唯一在大自然中拥有产房的养殖者，在全世界都是独一无二的！
比戈尔黑猪的养殖就是从这儿开始的。

它们在这里出生，喝猪妈妈的奶，在这片35公顷的草场和树林里吃它们能找到的食物：浆果、水果、蘑菇……
我们有吃牛肝菌长大的猪。

这个小窝是专门设计成这样的，母猪可以前进、后退，但是不能翻身……在我们的养殖场中，导致死亡的唯一风险就是小猪被母猪压死！

它们刚生下来的时候非常脆弱，猪妈妈有可能把它们压死。有些母猪非常有母性，会在挪动之前发出一个信号，一种叫声。另一些就不会这么注意，它们直接躺下然后压死小猪。

有了这样的小窝，猪崽们就可以从侧面通行。

母猪只在早晚出来，主要是为了排便。猪其实是很爱干净的，它们不会在窝前面排便，而是会走得很远。

在这片场地上，有450头猪。我最开心的事，就是我的邻居带家人或者朋友来这里参观……哈哈，有一个像我这样养猪的邻居也是挺特别的！
我不会给它们剪牙断尾，因为它们不会互相残杀。它们更喜欢追逐蝴蝶和苍蝇，而不是互相撕咬。

刚出生的时候，小猪会因为缺铁而贫血。
我们将母猪放出来，它们回窝的时候蹄子会沾上泥土。之后，小猪在喝奶前会吃掉这些含铁的泥土，它们就这样自我免疫了。

我们不会像工业养殖场那样给它们打各种各样的针，不打疫苗。因为这里不会因为聚集而产生麻烦。你看看，在它们身上能发生什么问题呢？

我们的做法跟以前一样，并没有发明什么新东西，只是试着去适应大自然。
这是未来的农业工作者的责任。因为如果想加快生产，就得重新创造所有的东西，这样就会失去过去的好经验。
未来的农业工作者，就是说未来可期吗？
哈，当然！坦白讲，真正的农民应该懂得适应自然，而不是让自然来适应你。

我们总在谈论，要提高产量以养活全球人口。但是，我每天喂牛的经历告诉我不是这样的。

如果你喂它们吃一些添加了很多氮元素的人造营养品，它们很容易就饿了。但是，相反地，如果你给它们吃一些真正的天然草料，它们很快就吃饱了，吃得也少得多。

我们也一样，如果我们吃健康的食品，会吃得更少，但是吃得更好。

你只要看看那些工业生产的成本，为了处理它产生的垃圾和污染所付出的代价……

对呀，越来越少的人愿意当农民了……
那是因为有些不负责任的言论让他们失去了动力！就像厨师这一行，一直以来他们宣扬的都是这门职业非常艰苦！

所有的工作，如果以这样的方式宣传，那么在大家的脑海中就不会留下什么好印象！

在我的农场里，有两个罗马尼亚人。第一个人在11年前从罗马尼亚来到了这里，现在他成了我农场的负责人。

只要我多烦他一会儿，他就会跟我说："皮埃尔，做你自己的事去，这儿由我来负责！"刚开始的时候，他一点基本概念都没有，他从学语言开始，到学养殖结束，就像那句老话说的，有志者事竟成！他不会再回罗马尼亚了。我们在农场边上给他建了一座房子，从此他就在这儿扎根了。

做出表率，给予信任，我们就能成功！
我们必须成功！

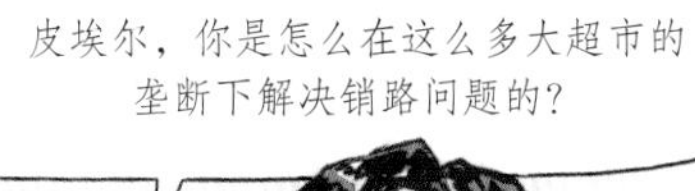
皮埃尔，你是怎么在这么多大超市的垄断下解决销路问题的？

很简单，现如今什么东西最难找到？就是其他人都不做的东西，那其他人都不做什么呢？
质量，自然，时间，朴素和简单的东西！在农业世界里也一样！
简单地活着，很快将成为一种奢侈。

因为现在的人都把钱花在一些无用的事情上，牺牲了真正重要的东西，首当其冲的就是食品。
你的买家都有谁？

2/3都是散客，1/3是专业人士。
大型超市呢？
我不卖给他们。
合作社呢？

我爷爷是这里的酒庄合作社的创始人之一，我也是其中的一员，但是我并不需要他们，我是独立的。
然后，我们的强项是找到像蒂埃里·帕尔东这样的合作者，因为我们不是所有事情都精通，也需要依赖匠人们的手艺。

我说，皮埃尔，你是自由的！是吧，这样的人是存在的！你让自己快乐，也让你的客人快乐。一条传递幸福的链条！
在这里，我们不谈钱，谈的是质量！

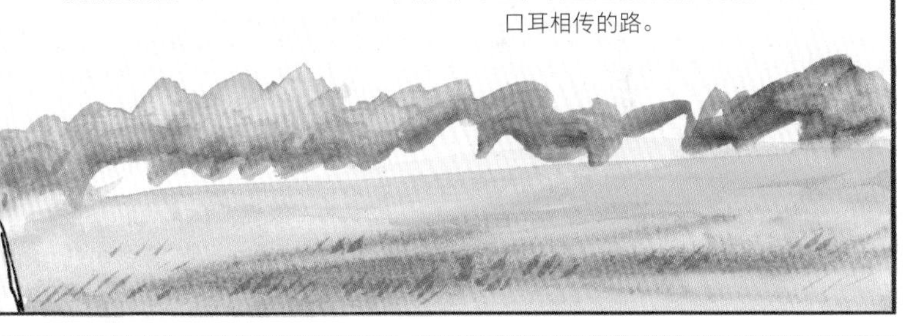
我拓展自己的商业圈。每个月我会送一次货，差不多有250个客人，从生产者直达消费者，我们走的是口耳相传的路。

我和父亲一起去送货，他是这个销售网络的创始人。虽然我可以让其他人代替我，但是我们自己去送更有必要，因为这样可以建立信任感，加深交流。

收到货的人，看到生产者就站在他们面前，会更加尊重产品。我觉得让人置身事内是非常重要的事情，你的行为将发生改变。就像如果你了解酿酒的人，就会觉得这瓶酒不一样了！

这个农场经历了几代人？
我是第九代。我衷心希望我的儿子会继续干下去。

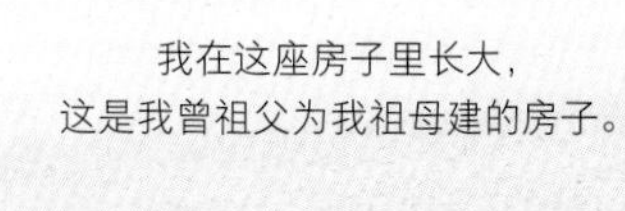
我在这座房子里长大，
这是我曾祖父为我祖母建的房子。
我们家七代人都
从事牡蛎养殖！

养殖牡蛎，这是一种热情。二十二三岁的时候，我赢得了开牡蛎比赛（5分45秒开了100只牡蛎，摆在一个托盘上）。那个时候，我尝试在这个行业里做到最好。

100只牡蛎

但是我想去大城市看看。
我在波尔多、第戎、比亚里茨、巴约讷开了与牡蛎有关的商店、酒馆、餐厅，还开了一个爵士俱乐部。我超级喜欢爵士乐，但我的萨克斯吹得很烂。

那个时候，我的小酒馆非常时髦，里面有漂亮姑娘，充满了欢声笑语和各种惊喜，吸引来很多与众不同的人，我由此建立起了一个不可思议的人际关系网。

30岁的时候，我还没尝过失败的滋味，我把自己想象成米达斯王，经常出入酒店、餐厅、夜店……

我出生在这间木屋里，当我看见有帆船进港的时候，那些破旧的小船，让我浮想联翩，我围着它们打转，直到船上人跟我攀谈起来……
然后，在某个时刻，我逃离了这儿……

我父亲是个了不起的人，但是……
他很专制？
不不不，他甚至都不会过问我的事，他那时是老板！

直到有一天，在我27岁那一年，我跟他大吵一架，然后就离开了。

我登上了很多艘船，游历了很多地方，
认识了很多人……一直这样到了四五十岁，
我真是吃喝玩乐了个够。

做人做事需要用心，有胆量，有担当，才能不断地自我反省……

我非常喜欢一段话：我们只有从经验中吸取教训才会变得博学，不断质疑才能变得清醒，知道自身的知识有限才会变得睿智……

于是，有一天，我彻底放弃了以前的生活，回到这里安家，把关注点重新放在了我以前的职业上。

现在，我并不太清楚自己想要什么，因为我始终希望生活可以给我带来惊喜，但是我很清楚自己不要什么。

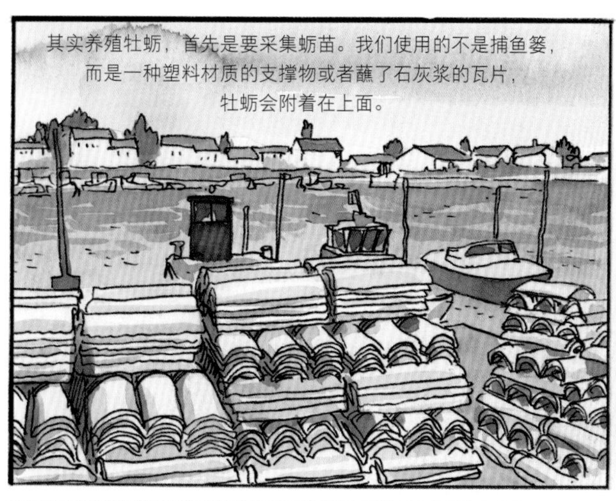
其实养殖牡蛎，首先是要采集蛎苗。我们使用的不是捕鱼篓，而是一种塑料材质的支撑物或者蘸了石灰浆的瓦片，牡蛎会附着在上面。

支撑物一旦被填满，我们便将牡蛎们揭下来，然后把它们装进牡蛎养殖袋里继续培育。

6个月后，它们长到半个小指指甲盖那么大时，我们才开始养殖。

我们需要筛选，把整个批次的牡蛎都放在筛子上，挑选出个头大小一样的，然后重新放回海里养殖，这个过程要持续两年到两年半……
这道筛选程序是为了保证同一批次中的牡蛎大小一致。因为牡蛎会粘在任何东西上，数百万只牡蛎同时产卵，会形成大规模的乳状物，受精过程在海水中进行。
幼虫在水流中生长21天，直到进入固着阶段。

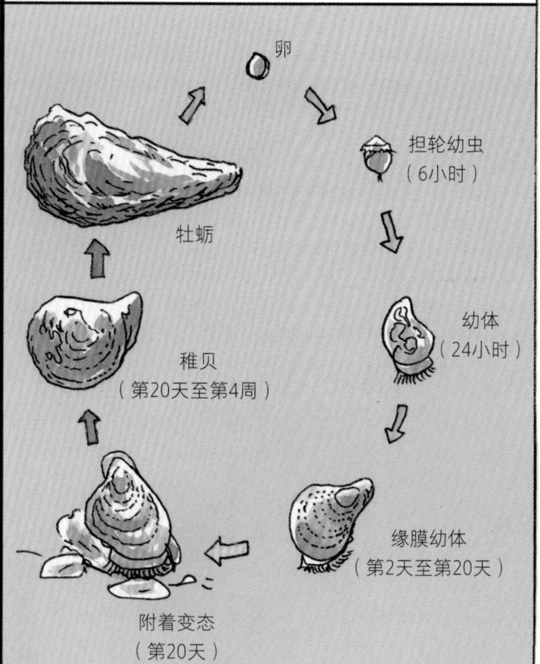
它们固着在某个物体上，并开始长出贝壳。它们继续生长，18个月后，它们就长到可以出售的个头了，我们称为4号，但是我们等到满30个月才出售。
卵
担轮幼虫
（6小时）
幼体
（24小时）
缘膜幼体
（第2天至第20天）
附着变态
（第20天）
稚贝
（第20天至第4周）
牡蛎

我喜欢吃肉多的牡蛎，肥一点的，吃起来有嚼劲，并且有脆度，这样它的味道才会甜咸适中。

如果太肥了，你会觉得油腻，缺少海水的咸味。但是如果太瘦的话，你就只尝得到海盐味，没有嚼劲。

难就难在找到平衡点，不过，这还是看个人的口味。
这个平衡跟水质有关吗？

阿卡雄湾牡蛎的优势是，味道十分特别，带一点苦味。
就像是野鸡跟布雷斯鸡的区别。野味更重一些，含有更多的碘，味道更强烈。

阿卡雄湾是第一大幼年牡蛎的产地，占总产量的70%，后两位分别为马雷讷港和奥莱龙岛。

让牡蛎长得好的功臣是水的不断流动，水流能带来氧气。但是水需要足够清澈，因为如果水含有过多氧气，搅动过大，就产生浑浊，这样就不会有浮游生物了。
如今，按照卫生标准来看，这里是欧洲最干净的滨海地区之一！

那名字带R的月份的问题呢？
那是17世纪的财政大臣柯尔贝尔制定的法规。在名字不带R的月份，即5月到8月，运输牡蛎离开生产地的距离不能超过80千米。

制定这条法规出于两个原因：一是在炎热的季节，没法在运输过程中保持低温；二是那段时期正是牡蛎的繁殖期。

事实上，牡蛎养殖业是拿破仑三世创建的，并且用法律规范化了牡蛎的生产养殖方式。

最初的牡蛎养殖者划着桨、摇着橹，从居让、昂代诺或者阿雷斯过来。他们先是睡在自己的船上，之后开始在岸边建造简易的小屋，然后是村落。

我的家族就是这样在这片土地上定居下来的。所以这里被我称为皇后公园。

2005年，我是职业工会的负责人。
当时我们遇到了鳍藻在水里大量繁殖的现象。我们本来一直与它们和谐共处。
忽然有一天，法国海洋开发研究院用老鼠做了实验，说这种藻类很危险。
??

他们给老鼠注射牡蛎的肝胰脏的提取物，这种提取物我也不知道他们用什么处理过……

如果4个小时之后它出现不适，他们就认为存在潜在的危险，但是他们把4个小时延长到了24个小时。

令人难忘的一场危机。我们关门了3个月。再加上铺天盖地的媒体报道！
SUD OUEST*
Le Bassin en plein désarroi

我有35个员工，你知道在没有任何进账的情况下，还要在月底支付35份工资，你就完蛋了！
**LES J.O de l'huître
1 SOURIS TOUCHÉE
2 OSTREICULTEUR COULÉ
3. Bassin Sinistré
= Consommateurs DUPÉS

我的员工们放火示威，他们相当激进！

场面一度很激烈！我差点就成了神经病，或者恐怖分子！

*《西南报》，阿卡雄湾一片混乱。

** 牡蛎奥运会：1.被注射的老鼠；2.完蛋的牡蛎养殖者；3.遭受损失的海湾；被欺骗的消费者。

2006年，我提前对公司做了清算，
然后跟新的合作伙伴创办了皇后公园。

我可以说自己非常幸运，因为我以前在影视行业工作过，
我可以从音乐家伙伴们那里吸收到许多养分。
弗朗索瓦·克鲁塞
让·杜雅尔丹
玛丽昂·歌迪亚
罗兰·拉斐特

我的人生，有三个要点：
1. 我生活的地方。即便是我已站在聚光灯下，可是只要看到早上初升的太阳，我就不会迷失自己，不会忘记我从哪里来，我是谁。
埃莉斯

2. 相遇。每次你遇到新的人，都是开启一场新的冒险。它能开拓你的视野，不管是好的还是坏的体验，我都遇到过……
这些相遇促成我去拍电影，写书，干各种各样、乱七八糟的荒唐事。
LES PETITS MOUCHOIRS*
Sur la vague du bonheur**

3. 最后，我是一个真正追求享乐的人，我喜欢美好的时刻，喜欢跟朋友们一起分享……
马克西姆·马尼翁，葡萄酒农
夏尔·乌尔，葡萄酒农

但是，在通往完美的路上，需要付出很多代价，为了享受1秒钟的愉悦，我们需要经受10个小时的痛苦。
这就是我们所说的苦行。

这我不会，我更喜欢盘子而不是苦行。***
我已经过了理性思考的年纪！

* 电影《小手帕》，主演让·杜雅尔丹、罗兰·拉斐特等。
** 自传《乘着幸福的浪》。
*** 法文单词assiette（盘子）与ascèse（苦行）音近，此处是一个谐音梗。

开心时刻

夏尔·乌尔，莫南镇的酒农，他的葡萄园坐落在朱朗松法定产区的中心。
要酿出好的葡萄酒，需要好的葡萄。
跟我一样，没有好的食材，做不出好吃的饭菜！

你的葡萄都用支柱支撑着？
越接近地面越寒冷，所以我们以前都用棚架种植，一直持续到5月1号，为了避免结冰。

葡萄是藤本植物，如果雨下得很多，天气又很热，就会迅速生长。通风越好，病害就越少，因为引起霜霉病和白粉病的这些真菌都是因为湿度过大而滋生的。

朱朗松地区的葡萄园是亨利四世的父亲建立起来的，亨利四世将它卖了，用来资助他的军队。

我们有自己的葡萄品种，出产的酒有自己的个性。

小满胜、大满胜、库尔布、卡拉多、露泽……

因为我们处于比利牛斯山脚，受到焚风*的影响，这里出产的葡萄酒酸度比较高，葡萄果实因脱水而精华很集中。

任何有山的地方都会有风，那是温差引起的。我们可以利用这些条件做悬崖跳伞、火腿、香肠、奶酪以及葡萄酒……

还有埃斯珀莱特辣椒！

我出生于1955年，那时流行在家乡工作和生活。贝阿恩是一片和平的土地，非常宜居，我们都不想离开这里。
在巴黎的贝阿恩人，我认识5个。而巴斯克人，我认识1000个！

我的祖父母和叔叔都是农民。他们种植的是粮食和蔬菜。人们种这些主要是为了养活自己，有剩余的才会卖掉。

在这里，我们实行长子女政策。一个家庭里有8到10个小孩，继承家业的只能是长子或长女。
其他的人也可以留下，但只能干一些其他的事，比方说行政。

我的父亲在兄弟姐妹中排名倒数，他后来从了军。

那你呢？

我进入法国电信工作。

高中毕业后，我做了一些科学研究，关于葡萄种植学，研究葡萄植株，为了更好地了解这一行……之后我又学了酿酒。我一个橄榄球运动员，喝啤酒和茴香酒的人，现在从事了葡萄酒的行业！

*出现在山脉背面的干热风。

在贝阿恩，我们不卖自己继承的土地。我们是生是死都要跟它在一起。我们家庭的产业太小了……

后来，我从洛内先生那儿买下了优鲁拉这块葡萄园。他82岁了，没有继承人，他想卖掉3.5公顷的葡萄园。
1983

战争的爆发导致我们失去很多种葡萄的技能，山丘被波城的农业合作社种满杂交玉米，取代了葡萄树，我们差点消失掉，成了“最后的莫希干人”。

我起步的时候只酿了两款酒：一款是玛丽窖藏干白，用的品种是大满胜；另一款是优鲁拉甜白，用的是小满胜。
你的葡萄都是人工采摘的吗？
对，在法定产区的操作指南里有规定。

我坚持了8年有机种植，3年前我停止了。
为什么？
潮湿和降雨导致我们很难实现有机种植。但是，我倡导有机种植，我是慢食运动的成员，我始终坚持用传统的方法种植葡萄，除了对付霜霉病。

新的生长周期开始的时候，我会用一些人工合成的产品，之后改为波尔多液，但是在开花期铜还是会给葡萄带来压力，所以装瓶时我们会加入一些硫，但酒还是天然的。目的是让它保持洁净，口感纯粹，好喝！

现在，我和女儿玛丽拥有14公顷葡萄园。她之前离开这里，去外面的世界闯荡。

她在新西兰、澳大利亚、加拿大的安大略省、美国的俄勒冈州学了两年酿酒，她坐大巴从北往南穿越美洲。
她的性格很要强。

她回来的时候，我跟她说：“我的客人都是我这个年纪的，你得开发自己的客户群了。”她种植自己的葡萄园，酿自己的酒。粉红塞，绿塞，不添加硫，她管这个系列叫“开心时刻”。

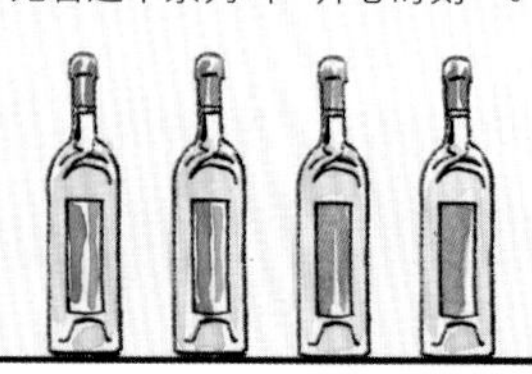

我热爱我的职业，我不觉得辛苦，我喜欢待在葡萄园和酒窖里，在比利牛斯山下，离大西洋80千米远的地方。

酒农的优雅

酒农的优雅
从童年时代起，我就知道我会酿葡萄酒……我自己的酒。
2001年我来到这里，在一个庄园里工作，很快就感受到这里拥有一片广阔的风土。
在工作地的旁边，有人推荐给我一片待租赁的葡萄园，我去现场看了，连成一整片的2.5公顷土地，葡萄品种是佳丽酿和神索。
马克西姆·马尼翁，科比埃法定产区的葡萄酒农。

我就这样起步了，2002年，多雨的年份，我在迪尔邦科比埃灌装了5000瓶酒。
2003年，夏季酷暑，我出产了一款口感细腻、酒体轻盈的酒，卖得很好。我就这样开始了！

你在哪儿酿酒？
在一个车库里，离这儿不远的镇上。完全就是自力更生！我想做酒，然后就做了！酿酒人都期待整个朗格多克–鲁西永大产区能出现一些不一样的酒，我们这儿酿的酒品质非常高，非常出色。
TOYOTA

你是怎么样发展壮大的？
我买下了灰歌海娜和白歌海娜的植株，都是60岁左右的老树。那段时期，人们开始拔掉一些比较难耕种的葡萄园中的植株。

你看到这个斜坡了吗？我们在劳作时只能使用履带拖拉机，它自身的重量均匀地分摊在履带上，不同于传统的拖拉机，后者是依靠四点支撑，容易将土壤夯实。

你很好地融入当地了吗？
我的性格非常适合融入集体。我来这儿的时候，身份是雇员，但是之后，别人都把我当成疯子！
因为在葡萄园养动物吗？

这是福热尔产区的酒庄主迪迪埃·巴拉尔的发明。他父亲从没给葡萄园除过草，他们只是在里面养一些牛和猪。
然后，我是从布雷斯来的，我爷爷养了很多动物，所以我不怕它们。
2007年，我在园里养了一些牛，我根本没意识到这么做的后果。我的牛儿们逃到了镇上！
TOYOTA

这是娟姗牛。
原产于英国泽西岛的奶牛品种。它们体格结实，很能忍受炎热的天气。它们整年都在户外活动。每年的11月到次年4月，我们就把它们放养在葡萄园里。

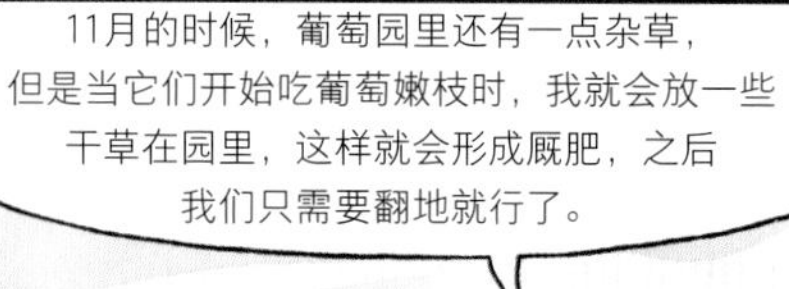
11月的时候，葡萄园里还有一点杂草，但是当它们开始吃葡萄嫩枝时，我就会放一些干草在园里，这样就会形成厩肥，之后我们只需要翻地就行了。

这一片葡萄园跨坐于三个市镇和两片法定产区之间。

这里的土质为片岩，占地七八公顷，行政上隶属于新城和卡斯卡斯泰代两个市镇。位于迪尔邦市辖区的葡萄园面积跟这里差不多，但土质是石灰岩的，那儿有我们的酒窖。葡萄品种都是一样的。

那是一株非常老的佳丽酿葡萄树，126岁了！我跟邻居热罗姆说：如果你要卖掉这棵树，一定要打电话给我！

有一天，他跟我说：来葡萄园找我，我想见你。这家伙眼里含着泪说道："这是我的曾祖父种下的葡萄树，我现在卖给你，因为你做的酒很好，而这里的酒庄合作社对老葡萄树已经没有什么兴趣了。"

看看它！

老当益壮的最好的证明。

这里就像是一个乌托邦！
时间静止了，但这不要紧。

昨天夜里，我听到了第一声蝉鸣，这真是美妙极了，它宣告了夏天的来临。

这些葡萄品种都是你在这里发现的吗？
我之前根本不知道什么是歌海娜和佳丽酿。我是逐渐了解的。我从一个博若莱的寡妇那里买了3个酿酒桶，在勃艮第地区买了一个橡木桶，一个玻璃钢酒罐，还有一台压榨机，然后就开始了我的酿酒事业。

你从哪儿弄到的压榨机？
我在去萨维尼莱博讷的路上发现它的，在一个酒吧对面，里面还长了一些花儿。我付了500欧。它是1948年生产的，里面一应俱全，我们将它抛光，然后，它就重新开始运转了，而且从不知疲倦！

刚来的时候，我对酒的理解是：用小箱子盛装收割的整串葡萄，博若莱的酒桶，恒温恒湿的酒窖……但是，我第一年的酒缺少了成熟度，口感很涩。

因为根据我对北方酒的了解，我以为南方酒是没有酸度的，但是酸度是从葡萄的生长阶段就需要开始关注的方面，你要力求保持凉爽。

于是，我继续完善我的工作方式，然后我又发现了别的东西，这花了我5年的时间！

在这里生活的时间越长，就越想酿出跟这片风土相像的酒！

我的酒有一个共同点，那就是在酿制过程中不添加二氧化硫。这是我的选择，我的信仰，是我在博若莱和瑟罗斯的酒庄工作时学到的方法。

二氧化硫对酒没有害处，但是在酿造过程中，最好还是不要添加！

重要的是做好上游的工作，打理好葡萄树，健康的葡萄果实是不需要硫黄的。

拉贝古，这是我买下的第一块葡萄园的名字，葡萄品种是灰歌海娜、白歌海娜。
进入法国所有美食餐厅的白葡萄酒！

我的红葡萄酒，最主要的葡萄品种是佳利酿、歌海娜和神索。我有30公亩*慕合怀特，30公亩西拉。洛泽塔这款酒的调配比例是：1/3 歌海娜，1/3神索，1/3佳丽酿，根据年份略有变化。

康巴涅窖藏干红，100%佳丽酿，果实来自百年树龄的葡萄园。

那你的桃红美迪斯呢？

la bégou

Rozeta

campagnès
Métisse

葡萄品种是歌海娜和佳丽酿。如今，所有人都在酿桃红，我也得用我的20公顷土地做点什么。但是我的桃红葡萄酒主要是用来配餐的。
这才是真正的葡萄酒！

* 1公亩为100平方米。

采收季开始于9月20号左右，先收白葡萄，然后是黑歌海娜、神索，最后收佳丽酿。

9月的时候，温度稍降，夜晚凉爽，正适合留住果实的酸度和新鲜度。
所有的葡萄都是用小箱采收的。对我来说，一箱经过挑选的葡萄果实是最美妙的。到了中午，我们将它们转运至低温储存室中。

第二天早上6点，我们将小箱中15度左右的葡萄倒入酒罐中。7点半的时候，这项工作结束，然后我们重新开始采摘。
我很幸运，拥有这一片土地，可以采摘到成熟的葡萄果实，并把它们完整地送入酒窖。现在，人们寻找的是精致、优雅，同时具有成熟魅力的葡萄酒。
这只会越来越好。
还需要加快进程，但总体来讲，已经很不错了！

跟我一样，刚开始经营瑞家来的时候，我用的是家用煤气灶。

你看到自己从哪里出发，到达了哪里，就会非常清楚，你不会原地踏步。

当你确定了一个目标，即便有各种艰难险阻，慢慢地，你还是会前进，你知道要去往哪里。
这不正是最美妙的地方吗？

因为至少你会感到骄傲，为你亲手建立起来的某样东西！
实现人生的价值！

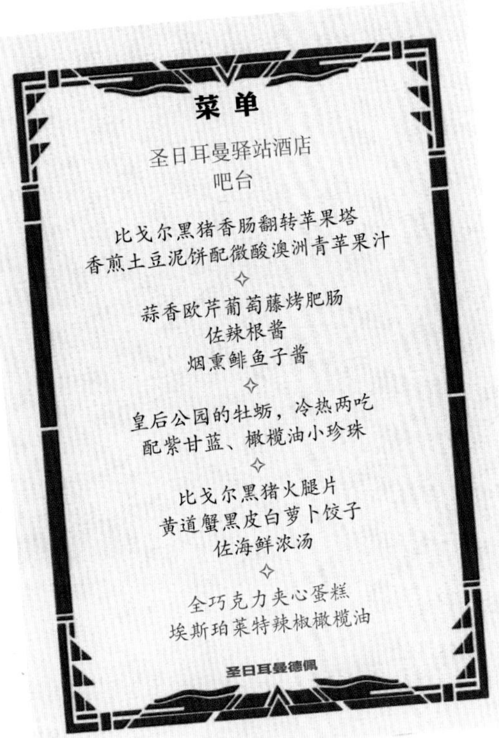
菜单

圣日耳曼驿站酒店

吧台

比戈尔黑猪香肠翻转苹果塔

香煎土豆泥饼配微酸澳洲青苹果汁

✧

蒜香欧芹葡萄藤烤肥肠

佐辣根酱

烟熏鲱鱼子酱

✧

皇后公园的牡蛎，冷热两吃

配紫甘蓝、橄榄油小珍珠

✧

比戈尔黑猪火腿片

黄道蟹黑皮白萝卜饺子

佐海鲜浓汤

✧

全巧克力夹心蛋糕

埃斯珀莱特辣椒橄榄油

圣日耳曼德佩

皇后公园的牡蛎，冷热两吃，配紫甘蓝

准备时间：20分钟

烹饪时间：45分钟

食材（4人份）

★8个2号牡蛎

★1/4个紫甘蓝，切丝

★1个苹果，切成小块

★3汤匙小洋葱末

★3个洋菇，切片

★500毫升稀奶油

★200毫升白葡萄酒

★100毫升香槟

★适量黄油、盐、胡椒以及葡萄酒醋

Yves Camdeborde
伊夫·康德伯德
Maxime Magnon
马克西姆·马尼翁

提前一天做的准备工作

1. 用橄榄油小火炒至紫甘蓝出水。
2. 加水没过紫甘蓝，再加入50毫升醋，继续烹煮3到4分钟。
3. 将紫甘蓝盛出沥干，汁水保留待用，在紫甘蓝中加入切好的苹果丁和小洋葱末。
4. 调味，并将其放置在冰箱中24小时。

当天的准备工作

1. 小心地打开牡蛎，不要将其戳破。将牡蛎放在吸水纸上，收集它的汁水过滤待用。
2. 在平底锅中加入少量黄油、小洋葱末和洋菇，小火煸炒，不要炒至金黄。
3. 加入牡蛎的汁水和白葡萄酒，完全收汁后再加入250毫升水，继续收掉3/4汤汁后，加入稀奶油。烧开后，继续浸泡5到6分钟。搅拌一下，用带滤布的小漏勺过滤，放置一边，保持温度。
4. 最后工序：慢慢地将紫甘蓝加热，加入一些煮紫甘蓝时的汤汁使其风味更佳，然后将其摆在盘子的正中间，在上面摆上生的牡蛎。将之前准备好的酱汁烧开，加入香槟，用力搅拌至出现很多泡沫。把酱汁淋在牡蛎上，端上桌。

建议配酒：茹塞酒庄，第一次约会干白，2014年份，卢瓦尔蒙路易法定产区。

Charles
Hours
夏尔·乌尔
Joël
Dupuch
若埃尔·迪皮什

亚历山大·德鲁阿尔，萨米埃尔·纳翁，未来之乡，巴黎。

我们经营五年了。

起初，我上了一所商校，
但是我并不喜欢做销售和公关。

萨米和我都对慢食运动感兴趣。我们走遍全法国，去拜访了那些劳作得很辛勤的生产商。

然后，我们意识到原来这些人竟然难以凭借自己的劳动养活自己。他们要么是在集市上把产品卖给当地人，要么就是以很低的价钱卖给大超市。

于是，我们临时起意当起了批发商。目的是让这些生产商可以在他们的土地上生存下去。价钱由他们来定。他们定价并不夸张，只是希望可以过得体面。

我们选择了6个生产商开始合作。
我们的工作地点就在我家，我的房间里。
我们用一辆小卡车自己送货。

到现在，我们有了120个生产商，供货给60多间餐厅。一开始，我们一个大厨都不认识，都不知道要怎么办……
只需要保障品质……

未来之乡

但是还需要去教育人们，去见所有的人，要会换位思考，也就是说，食材不是由餐厅的大厨指定的，而是要看农民收获了什么样的产品。当你越了解生产者，就越容易将他们的产品推销出去。

所有这些知识，你都是在实践中学到的吗？
我并没有接受过农业方面的培训，但是当你足够感兴趣，当你品尝了足够多的东西时，就能学会区分不同。

你会想要了解蔬菜是怎么生长出来的，桃子的种植方法，肉在法国的发展史……这难道不奇妙吗？
然后，我跟自己说，绝不能让这一切消失！

我们有一个圈子，里面的人都很有想法。他们都致力于发展当地的品种，让土地慢慢地成长。其中3/4的人自己弄种子，这在当今社会已经快消失了。

根据新的法律规定，大部分的种子都是杂交品种，这样才符合国际贸易的要求，但这也让我们慢慢习惯了统一的味道。

为了更好地理解现在发生的事情，需要抱着谦逊的态度，试着从头开始学习，了解法国60年来发生的变化。

有人告诉我们，需要用更少的人力在更广阔的田地上耕种，提高产量，于是挣得更多，但是这样做的后果又是什么呢？
生产过剩，对环境的破坏，农民们负债累累，售价又被压低。他们工作得很辛苦，劳累过度，还赚不来他们的生活费。
最让人难过的是，在法兰西岛地区种的草莓总能比西班牙南部种的草莓卖得更贵。

我认为应该有更多的生产者在更小的面积上耕种。这样我们才能既给人们提供健康的食物，又不会破坏我们星球的环境。

讽刺的是，手工业者将成为稀有物种，因为贵的是劳动力。出于财政上的考虑，整个大环境逼着你做没有价值的东西！

我们属于边缘群体，然而，实用和公平才应该成为真正的标准，土地的宝藏就是它的多样性。

但是这需要具体的措施：有机、生物动力学、零添加。越来越多的手工业者和生产商费了很大的劲转变过来，然后来找我们合作。
有的只产洋葱，有的只产豆瓣菜或夏南瓜，我们有来自纳瓦拉的洋蓟，普瓦图的芦笋，帕尔达扬的萝卜。
今天我能跟让-夏尔·奥尔索*合作，还是多亏了你。我们也有阿让特伊的产品，与很多法兰西岛大区的菜农合作。我们真就只卖季节性的产品。
所有蔬果都是成熟了以后才采摘。最棘手的是萝卜、菠菜、各种生菜。这些都是保鲜期很短的蔬菜，需要在到货的当天就卖掉。
我们的桃子，如果到货当天不能卖完，剩下的第二天就会坏掉。覆盆子和草莓也一样。产品不等人。最艰难的是如何在采收高峰期做好管理。
你没有损失吗？
保障最低库存，减少供应链的环节，缩短供应时间。这很困难，很紧张，但是值得，只要你肯好好干，就可以挣到钱。
当一个有鉴赏能力的人，找到好的供货商和好食材，这很好。但是之后，你需要把它们卖掉。我们也是商人。
而我们呢，位于产业链的末端，需要优质的食材。当季的食材，季节过去了，就没有了。
每天早上，我跟我的团队集合在一起，根据今天收到的食材，决定今天做什么菜品。
跟我们合作的餐厅都是这么做的，但在巴黎餐饮界，他们只是极小的一部分。
大部分餐厅都懒得费这些劲。他们需要的是常规的东西，全年提供的西红柿，真空包装或冷冻的。根本没办法与这些人合作。

* 参见《舌尖上的法国：冬藏春耕》第112页。

我们有会装盘的技工。但有些技术已经没有人愿意学了：如何购买一整只牲畜，对它进行加工，剔骨，刮毛，取出所有有用的部分，给鸡开膛破肚……

尽管如此，好在还有一些年轻人建立起了自己的事业，拥有明确的产品策略。

他们正在钓鱼，明天早上会拿到自由市场叫卖，当天送达餐厅。这些鱼钓上来的时间都不超过24小时。我们不会囤鱼，如果我们开始囤鱼的话，那就不可收拾了！

肉类来自萨尔特省和西南部的贝阿恩地区，皮埃尔·迪普朗捷位于梅拉克的养殖场。这些是有生命力的食材，它们能给你压力。
我们午夜到达这里，早上八九点干完活。送货的人清晨四五点到，他们送完一圈，10点半左右回来，如果还有东西要送，差不多中午能送完。到了下午1点，这儿就没有人了。

现在我们有一支非常棒的团队，非常了解自己职业的30个人，大家都很有动力。
一个完美的中小企业。

它是我和萨米的骄傲。刚开业的时候，很多人都说，你们这样肯定行不通。我们并不指望发大财，只要能付给员工应得的报酬，让我们过得体面就行。

我们感谢客户，没有他们，我们也不会发展到今天。我们没有投资人，一开始就只有我们两个人，每人各拿了5000欧出来。之后一直在投入，真的需要热爱这份事业，否则就完蛋了。

我不敢说我们的食材是最好的，但是我们可以保证它们的生产条件是最好的。
多亏了你们，我们才能在巴黎吃得这么好。

为什么你要
专门研究杂草?
我的父母曾经是养殖者，但是从1984年到1986年，
因为牛奶配额制的推行，他们没办法
再养活自己了。
安妮·贝尔坦，布罗蔬菜，
旺代勒镇，毗邻雷恩市。
好的杂草

1986年，我开始种韭葱，使用常规的
种植方式，但是几乎没挣到钱。

在我父母的年代，人们实行轮作，粮食、
甜菜、土豆，以及作为草料种植的红三叶草，
这种草能给土地带来氮元素，
然后来年重新开始。

我父亲一生
都在用化学产品。

有一些销售代表来到这里，还会当场喝农
达除草剂，为了向我们证明，这东西不危
险。他们那时候的口号是：神奇的产品，
劳作更少时间，养活更多人。
谁知道他后来
怎么样了?

有一些关于癌症的研究表明，杀虫剂
会在农民身上造成畸形，但是这些
消息不足以上头条。

我上过农业学校，学了一点植物学，然后
我买了一本弗朗索瓦·库普朗写的
《在自然里生活，甜美生存指南》，
它让我的思想发生了重大转变。

不可思议的是，一般来说，都是城里的人对这种回归自然、变得纯净的做法更加敏感。
而对于我来说，我在这里出生，从未离开过，我也没去过城市，我总是在农场里工作。

1992年，我开始卖琉璃繁缕，我把它们种在一块牧场里，它们很容易就长起来了。

在这之前，我没想过人们也可以吃野草，特别是那些以药效闻名的植物：荨麻、蒲公英、野蔷薇的果子……藜属植物，可以像菠菜一样烹饪。
我学了植物学，因此可以认出所有这些植物。
这是你转变成有机种植的原因吗？

对，从2006年开始施行，2009年获得有机认证。
别人没有觉得你像个女巫吗？
不会，我认真工作，证明自己的价值，并没有影响他人。

有机种植需要我们种一些豆科植物，像是车轴草、蚕豆，为了给土壤带来氮元素，如果我们不这样做，作物就不会生长。
有的时候，你送给我们一些草，我们得上网搜索它的名字才知道那是什么……锦葵花、细叶芹、香菜，我都特别喜欢，味道在嘴里停留的时间很长，回味悠长。
这些都属于杂草，但是也可以食用，只是味道有点苦。
需要花心思找出合适的食材来搭配，创造一道新的菜……苦味……用什么来与它形成反差？有了，温鱿鱼沙拉！

这里面积
有多大？
七八公顷，全是
蔬菜。
有多少个
品种？
至少有150个品种，夏天的蔬菜，冬天的
蔬菜，我到处都能卖一点，已经不再上门
推销了。我的大部分时间都
用来生产了。

除了供给餐厅，还有当地的菜市场，
雷恩市的有机市场。

我们全部蔬菜都由人工
采摘……
小心别闪
到腰！
我们有一个
很好的土法接
骨医生。

夏天，我喜欢种菠菜。
3月则种洋姜。
四五月种芦笋、胡萝卜、甜菜，
以及小西葫芦。
直接生吃就很好吃。还有
抱子甘蓝，搭配苦橙
做沙拉生食。
粗枝大葱、包菜、羽衣甘蓝、
绿萝卜、茴香、小胡萝卜、
青葱、芜菁、生菜……

豌豆苗。
那个超级嫩。用它搭配一种肉，
你会收获惊喜……

“安妮·贝尔坦的豌豆苗沙拉佐薄荷羔羊肉。”
如果我跟父亲说我们吃
这些东西，他肯定会说，
这些是给牛吃的草。

野菜就是这样来的，我们可以吃它们，并且活下来。

为什么我们要生活得如此奢侈？我们知道这并不能长久，因为地球的资源是有限的。所以我们应该减少消耗。
我就不去度假，因为那会消耗大量能量。
再做得极致一点的话，就是自给自足、不用手机、用木柴来取暖和烹饪。

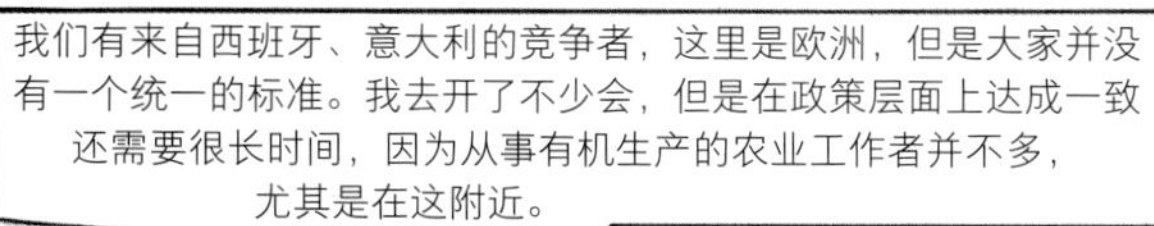
我们有来自西班牙、意大利的竞争者，这里是欧洲，但是大家并没有一个统一的标准。我去开了不少会，但是在政策层面上达成一致还需要很长时间，因为从事有机生产的农业工作者并不多，尤其是在这附近。

会有一些年轻人到你这儿来咨询吗？

有一些人与农村农业维护协会合作，在这里种了一两公顷地。
还有一些是嬉皮士，我是不太理解这些人。

种植是为了有所收获，如果种得一塌糊涂，那就没有必要种了……
先有好的农业生产，才会有好厨艺。

在有机种植方面，还没有足够多的研究和实验。所以当地政府总有一些事可以做，不为别的，就为创造一些就业机会。
手工艺者在法国是可以生存下去的。打造品质，为我们所做之事感到幸福和自豪！

人们抛弃了手工劳动的价值。但是，我认为现在人们的想法正在改变，酒店管理学校都招满了学生。服务，是一门真正的职业。一个对自己的职业了如指掌的服务生是非常美的。
客人对你服务满意的回馈，这是无价的。

让工作重新变得有价值！我早上都会给巴黎的环卫工人提供免费的咖啡，我向他们道谢："是你们让巴黎变得洁净。"

圣库隆，地处圣马洛和康卡勒之间。
拉斐尔是我的兄弟。
他来到布列塔尼，买了一块占地3公顷的地，开始从事有机农业，种植一些小水果，草莓、蓝莓、覆盆子……
Les Confitures de Raphaël*
R

我们做果酱是迫不得已，因为水果产量过剩了。

商标由拉斐尔名字的首字母R和塞德里克的首字母C组成，C形花纹环绕着R，保护着它。在生活中，

拉斐尔有一个非常大的优势——他的微笑很迷人，以及一个小小的缺陷：他听力不好。

他们一家人离开马赛，来这里定居。我呢，我是来帮助拉斐尔的。现在，我的父母也在这里帮忙了。

陆鲜

在这里，我们找到了一种比较特别的生活环境。生活在圣马洛的人都很团结。

当地产的水果有哪些？
草莓、大黄，虽然人们需要当地产的水果，但是也会寻找一些其他地方产的水果。

为了找到好的黑加仑，我们用了两年时间，找覆盆子用了3年。在获得稳定的货源之前，我们摸索了很长的时间。

我们试着一直跟相同的生产者合作。普罗旺斯的杏和桃、勃艮第的黑加仑、西西里岛的柠檬、秘鲁的百香果……

整整一年我们都在工作。冬天有榅桲、柑橘类和梨。
都是有机的吗？

我们先品尝看是否喜欢。柑橘类是有机的，因为果皮也有人要，有机的总归要好些。

我们从来不要过熟的水果，我们需要的是一定比例的成熟的、刚刚熟的和几乎还是青的果实。
这样才能带来平衡，一点点的酸度能让人觉得清爽。

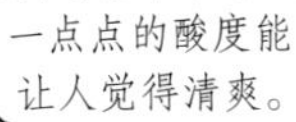

* 拉斐尔的果酱。

这是拉斐尔和我的奶奶，
一切都是从她开始的。
就在我的厨房里！

最初煮果酱用的就是
一个简单的双耳盖锅。
之后我们置办了炉灶，也定制了
果酱锅，请的是铜锅之都维勒迪约
莱波埃勒最好的一位锅匠。

铜有两个优势：一是导热性，二是它的重量。

我们坚持小量原则，就像做家常果酱一样。

我们没有用50或100升的大锅，而是使用15升的小锅。

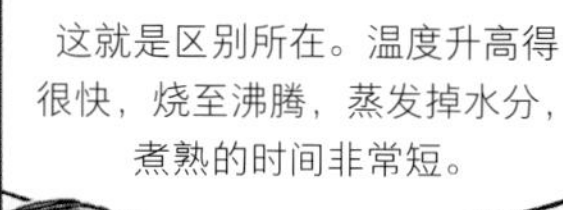
这就是区别所在。温度升高得
很快，烧至沸腾，蒸发掉水分，
煮熟的时间非常短。

在传统观念里，果酱
都是用很熟的水果做的，
而且要煮很久！

但是，如果烹煮时间很短，你可
以保留住果粒，烧开后再煮五六
分钟就完成了。
含糖量
是多少呢？

以前，含糖量是衡量果酱质量的一项标准。因为糖很贵，
放得越多，质量越好，至少要达到55%。
而且也是果酱保质的原理。
现在，我们的做法则恰恰相反，我们会放尽可能多的水果，
让水果的比例占到64%。

我们可以在一些特别甜的水果里加入柠檬，
比如无花果或者大黄。
这样会让果酱吃起来
更清爽，并且保持鲜艳
的颜色，避免让它
变成棕褐色。

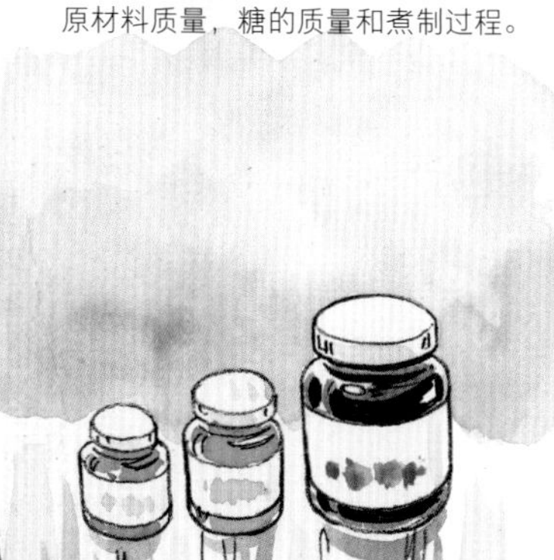
我们和工业化生产的不同就在于
原材料质量，糖的质量和煮制过程。

标签是由我的
阿姨画的。
完完全全的
家族产业！

海鲜

我们是家族第五代传人了。故事开始于贝隆河畔，1880年左右，从我的曾祖父弗朗索瓦·卡多雷开始。

菲尼斯泰尔省南部的贝隆河畔里耶克镇，雅克·卡多雷和他的儿子让-雅克以及女儿格温。

我们让扁形蚝在这里精炼，河水与海水在贝隆河这一段交汇，使得生蚝具有了独特的地域性品质，也是贝隆生蚝的特色。

于是，贝隆成为了布列塔尼扁形蚝的法定产区。随后，我的祖父在深水域建立起了第一批养殖区。在那之前，人们都只在涨潮的时候才工作。

这些扁形蚝在潘波勒、基伯龙或卡朗泰克被养大，然后送到这里继续精炼，直到成熟后打包发货。
那时候就已经是扁形蚝了吗？

亲爱的伊夫先生，直到1972年，布列塔尼地区都只生产扁形蚝。
1972年发生了什么事？

当时爆发了一种动物流行病，波及整个布列塔尼地区。
在这个行业里，最早发现寄生虫的时代可以追溯到1870年。
1922年，这场兽疫变得更为严重。它摧毁了从阿卡雄湾到布雷斯特的一切。1928年开始重建。到1972年又爆发了第2次扁形蚝的寄生虫病。

现在，扁形蚝的产量非常少。以前我们能出产2万吨，现在只有1000吨。

长牡蛎却表现很好。对于牡蛎养殖者来说，从扁形蚝过渡到长牡蛎的养殖是为了生存，长牡蛎的产量可以达到10万吨。

你看到了吗，在外包装上写着：100个4号，如果我只放80个，我就会挨骂。
我们仍然会称重，以确保数量是对的。称重结果必须达到一个最低标准。牡蛎都是由人工筛选的，为了保障品相和正确的保存方法。

每年的12月份，我们会卖掉全年产量的30%至40%，所有人在圣诞节的时候都想吃牡蛎！
你们出口吗？

是的，超过60%的产量都用来出口。让-雅克开发海外市场已经有一段时间了：意大利、俄罗斯、中国，他们吃牡蛎的时间段跟我们是错开的。

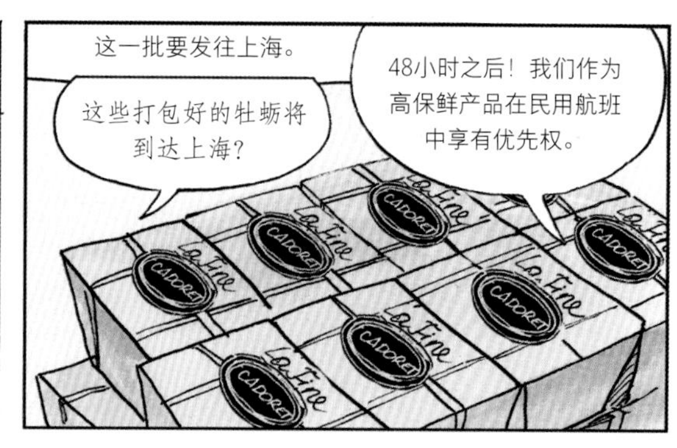
这一批要发往上海。
这些打包好的牡蛎将到达上海？
48小时之后！我们作为高保鲜产品在民用航班中享有优先权。
CADORET
La Fine

有很多欧洲大厨都去那边发展，越来越多的人开始吃生蚝。
中国是生蚝产量最大的国家，但是有些不太适合生食，所以他们大多用牡蛎肉来做菜。

现在有人说，自从出现三倍体牡蛎，寄生虫和疾病导致的死亡率上升了。
三倍体牡蛎是法国海洋开发研究院在2000年人工培育出来的品种，具有不育的特性。

它们的生长周期只有两年，而不是3年。夏天收的牡蛎也不黏腻，所以一整年都可以吃。

味道呢？
是一样的。味道取决于地域和年限。

科学家对三倍体牡蛎的意见不和。没有任何两个的意见是完全一致的。

场景来到了卡朗泰克，菲尼斯泰尔省北部的莫尔莱湾。

在8月底、9月和10月的时候，这里还会有很大的潮汐。

我们在4月大潮过后放入牡蛎幼体，那个时候风更小，不容易被风吹跑。

1月到3月，我们将它们捕获，然后按照生长周期送往不同的养殖场，直到它们长到可以销售的个头。

它们会自由地移动。需要有水流，但是不能太大。水底下是非常软的地面，可以说是真正的流沙。牡蛎需要生长在富含石灰岩的土壤里，土质硬且洁净，这样才能长出好看的壳。

我沿用了传统的养殖方法，休耕、养护，耙地，就是翻动土壤，加入富含石灰岩的海底沙子以改良土质。

BENJAMIN

每次拖网的时候，人们都会把沙子分离出来，然后扔掉。而我们每3年就会收集一整船的沙子，900吨。我们是唯一这样做的养殖者。

这样做有利于牡蛎的生长，让它获得美丽的色泽。

不是随便什么沙子都可以加的，颗粒需要达到一定的尺寸，可以与土壤融为一体，不然它就会滚动，并且将牡蛎埋在土里。

泰晤士河里的沙子是非常小的卵石，是非常完美的沙土。最好的是潘波勒海湾的藻团粒，但是它们现在受到法律的严格保护，我们不能再用了。

这就是为什么我们用雪道整理机来松土。

雪道整理机？

就是用来整理滑雪道的机器，
是从一家冬季运动的雪场买来的。

平底船的前部专门设计了可以降低的装置，
方便把雪道整理机装上船。

这些都是用来拖网的大型驳船。我们在10月到11月之间收网。
要尽量避免遇到大的浪潮！

有些技巧是我从小就学会的。每次涨潮的时候，
都要有人守着，查看所有的养殖场。虽然工作量
增加了，但这可以保障产品的质量。

它们从那里被升起来，然后随着升降机移动，
最后落在水箱里。所有的海藻都被清理干净。

这个带菱形格子的传送带是用来分拣牡蛎的。
那些太小的和还不适合销售的就会
被放回海中饲养。
我们有6到8位女性做这个工作，这是
自动化机械，用土豆分拣机改装来的。

战争结束后，我们有30公顷的养殖场。那个时
候我们用人工分拣，所有牡蛎都是50公斤装一
袋。现在工作变得省力了，人数是一样的，
但我们经营的养殖场达到了200公顷。

贝隆属于扁形蚝的
法定产区吗？
是的，但布列塔尼地区
的牡蛎不属于法定产区的。
我们尝试过申请成为法定产
区，但是让所有人都达成
一致可不容易。

解决的办法就是做好自己的品牌，
我们就是这样做的。

扁形蚝的学名叫Ostrea edulis，
长牡蛎叫Crassostrea gigas。

扁形蚝产于基伯龙。它们的品种取决于水温。长牡蛎产于奥莱龙岛附近，从卢瓦尔河地区的南部一直延伸到阿卡雄湾。

你看得出来扁形蚝与长牡蛎的区别吗？
没什么区别，品质、口感……要想牡蛎长得肥，养的年头就要足够长。

一般的牡蛎长到3至4岁就上市了。
我们这些，至少有5到6岁了。

我们在清理养殖场的时候收割它们，体重能达到500克，甚至750克。

真是大块头啊！

吃的时候把第一道汁倒掉，等它分泌出来第二道汁再吃。

这味道咸得多。好重的碘味！
你吃的可是大海！

L'huitre plate

扁形蚝

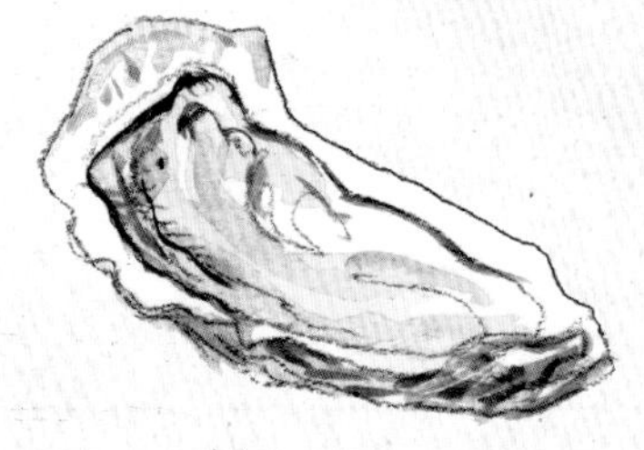

L'huitre fine de Bretagne

布列塔尼普通蚝

La fine de Claire

芬地奇（经过精炼）

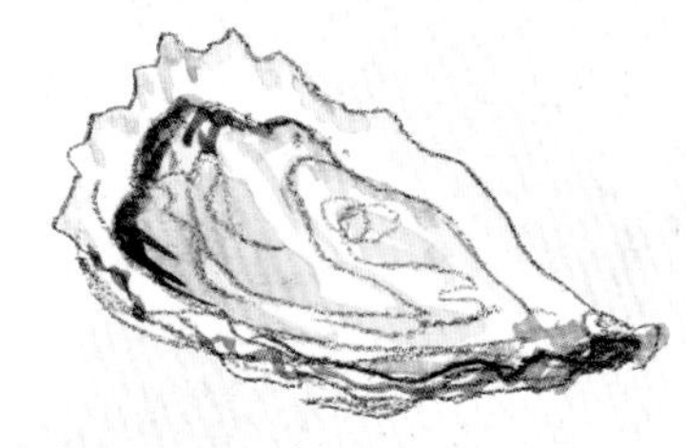

Les "Spéciales": La Cadoret et la perle noire

特级蚝：卡多雷黑珍珠

La Pousse en claire

特级精炼蚝

La Label rouge

红标

（法国国家产地与质量协会认证）

生拌卡多雷家大牡蛎
佐盐角草沙拉

准备时间：10分钟

食材（4人份）

★4个大牡蛎　★100克盐角草
★芝麻油　★土佐醋
★马达加斯加胡椒　★酸模

准备工作

1. 小心地打开牡蛎，不要把肉刺破。将肉轻轻地取出（壳不要扔掉），切片，加入一点胡椒粉和一小勺土佐醋。放置于阴凉处待用。
2. 将酸模切碎，撒在牡蛎上。
3. 将牡蛎肉均匀地摆放在牡蛎壳里，滴上几滴芝麻油，在上面放上切成块的盐角草。趁新鲜端上餐桌。

建议配酒：约瑟夫·郎德龙酒庄，闪岩天然干白，2014年份，蜜斯卡德法定产区。

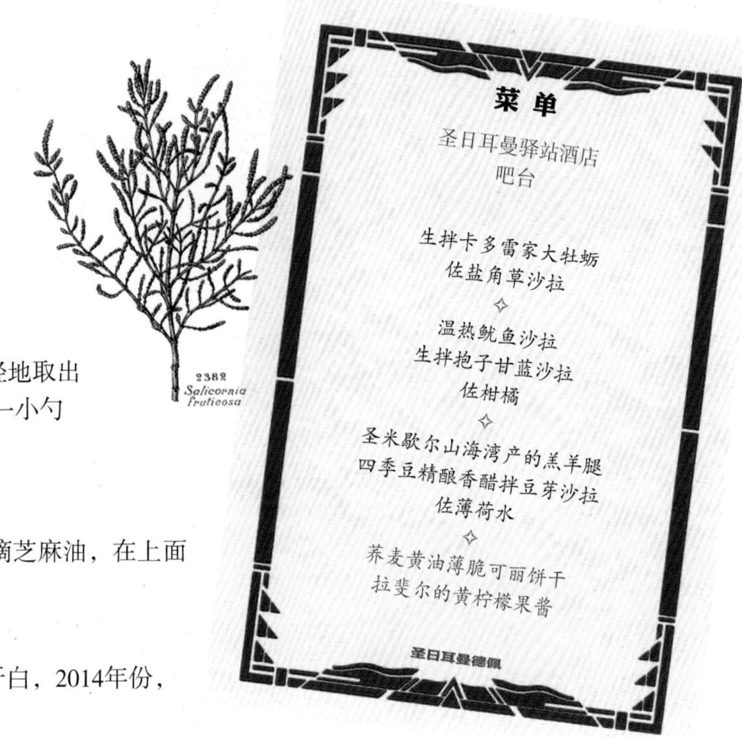
2382
Salicornia fruticosa

菜单

圣日耳曼驿站酒店
吧台

生拌卡多雷家大牡蛎
佐盐角草沙拉

✧

温热鱿鱼沙拉
生拌抱子甘蓝沙拉
佐柑橘

✧

圣米歇尔山海湾产的羔羊腿
四季豆精酿香醋拌豆芽沙拉
佐薄荷水

✧

荞麦黄油薄脆可丽饼干
拉斐尔的黄柠檬果酱

圣日耳曼德佩

天然瓦尔制造

雷诺·瓦萨是住在瓦尔省勒米市的雕刻师。他给我的酒店和小酒馆提供雕刻品，盛鱿鱼沙拉的碗、装带壳溏心蛋的蛋杯……

我从14岁开始就收集有关厨艺的书籍。有些太过时的，我就交给他，让他帮我做成装饰品。某种柱形物，或是一个把书穿在一起的串子，放在吧台进门的地方。
伊夫，来这儿看，我开始弄这些书了。用的是自动啤酒机里的气罐。

用等离子切割机切割出主体形状。然后焊接用的是氩气电焊枪和铝线圈，已经很少有人会用铝线圈来焊接了。

上面还会再接一个，然后我会把书摞起来，粘牢，涂上树脂。

雕塑是你一直以来的职业吗？
我很晚才开始的，在20世纪90年代……

以前我做的是养殖鸭子和开餐馆。就在这间农舍里，坐满了好几大桌食客。

一天，有人通知我说，高铁将从我们家宅子经过。

我们一直在等高铁修过来。有一个顾客跟我说：
“你呀，赶紧种一些小麦，这样才能提升你的价码，
他们会好好补偿你的！不然，他们什么也不会给你！”

但是，另一个伙计知道我比较浪漫主义，跟我说：“你要当心，如果高铁在5年之后修到这里，你就得拼死累活地工作，税务局还会让你交很多税。在生活中，总是为了钱投机倒把没什么可取的。”

就这样，我的想法完全被改变了。因为农场迟早都是要被摧毁的，所以每次有东西坏了，我都自己修。可是，一开始我什么都不会。
像焊接这种，我最初的工具和材料就是马蹄铁、锤子、船的螺旋桨……都是回收来的废品。我的雕塑事业就是这样开始的。

高铁一直也没有修过来，但是它让我适应了这种生活方式。现在我肯定也盼不到它修过来的那一天了，因为要修到这儿怎么也得2035年以后了！

我觉得做了一个正确的人生选择，因为我觉得很幸福。

我也继续在做餐饮业，只做预订。今年夏天，我每个月做了45只鸭子。并且，如果有大的宴席，我也会做大菜。
REPAS
VASSAS
RILLETTES
SALADE
CONFIT

雕塑只占我全部工作的50%。
你看它漂不漂亮？

康斯坦先生

我真正的厨师生涯开始于1982年在巴黎丽兹酒店与克里斯蒂安·康斯坦的相遇。

他来自蒙托邦，原来是打橄榄球的（我在波城的时候也打）……他看到来了一个17岁的小孩，文质彬彬，也很实诚，但是不会任何职业技能。
不要担心，我们都是从零开始的。最重要的是能够迎难而上。你将度过一段艰难的时期。

可是别退缩，多听，多看，理解别人说的话、做的事，只要你不傻，慢慢地你就会上手啦！

我非常努力地坚持着，尽管做的事并不让我感觉多快乐：择菜、削萝卜、做俱乐部三明治……

第一年确实很难。我沮丧到想回波城去……

康斯坦先生成了我的精神领袖和知己。每一次我要做重大的决定时，都会第一个找他，他总是很真诚、客观地告诉我他的想法，从不对我隐瞒任何事实。

1988年，他重新掌管克里雍大饭店（那时我正在银塔餐厅工作）。他组建起一支年轻的团队。他了解我们，知道我们都是好厨师。可能不是世界上最好的，但是他知道可以完全信任我们。
所有人都有自己的缺点，我们不需要把它抹除，不然的话，所有人都成了一个模子出来的……我们要与它共处。但是相反地，我们的优点，要把它发挥到200%，才能出类拔萃。

这是一个关于个性的问题。承认每个人都有独特的个性并尊重它，在提升餐厅价值的同时，给予每个人充分表达自己的自由。

他为团队注入了一种精神面貌、一种力量、一种意愿，对成功的渴望，尤其是建立在相互尊重和相互交流之上的人际关系。
团队的伙计们就是这样被造就出来的。如同在橄榄球的赛场上，比赛很艰难的时候，有的人一直到比赛结束都在退缩，有的人则会冲在前面，迎接对抗，伸出援手，让队伍重新占据优势。这就是我们经历过的不可思议的人情故事。

他在20世纪90年代具有非常大的影响力。他成就了整整一代世界知名的厨师。

埃尔韦·凯内尔
蒂埃里·福谢
让-弗朗索瓦·鲁凯特
让-弗朗索瓦·皮耶热
蒂埃里·布雷东
让·肖韦尔
埃里克·弗雷雄
曼努埃尔·勒诺

我跟他在克里雍干了6年。我就像他的儿子一样。但是我一直都想开自己的餐厅，做自己想做的事。
康斯坦先生，我们的故事要结束了，我想做我自己……
康德，你是对的！开始寻找地方吧，但是在签合同之前，打电话给我，我想给你我的建议。

我设想了所有的回复，唯独没想到这一个……他甚至在我需要钱的时候伸出了援手。

La RÉGALADE
1991年，我的瑞家来小酒馆开张了。它很快在全世界范围内火了起来。这时埃里克·弗雷雄来到后厨给我帮忙，这让他也萌生了创业的想法。之后，蒂埃里·布雷东开了自己的餐厅，蒂埃里·福谢也是。

他让我们可以展翅高飞。而最奇妙的是，我们虽然来自同一间餐厅，但是我们的烹饪风格却截然不同。最近我刚刚去了曼努埃尔·勒诺在默热沃开的餐厅，那就是他自己的风格，你在那山上吃饭，感觉吃的就是山味。
Flocons de sel*

我们共同谱写了属于我们的故事，今天在重新见到彼此的时候，我们的眼神都变得不一样了，就是那种惺惺相惜的感觉。

直到今天，我也不用“你”来称呼他，即便他也喜欢橄榄球，也热爱生活，尽管我们在一起干了很多蠢事，我还是称他为康斯坦先生。
他在巴黎始终拥有3间餐厅，他还是那个我每天会打两次电话询问他的建议的人。
les cocottes**
Christian Constant

* 盐雪花餐厅。
** 炖锅餐厅，克里斯蒂安·康斯坦。

天然葡萄酒先锋

最初，在法国只有四五个人酿完全不含硫的葡萄酒。都是博若莱产区的家伙，朱尔·肖韦、马塞尔·拉皮尔……
让·富瓦拉尔、伊冯·梅特拉，还有康美依酒庄的菲利普·洛朗*。

你们之间交流多吗？
Pierre OVERNOY
GAEC Emmanuel HOUILLON
Vignerons

我们会相互串门，品尝对方橡木桶中的酒，以便了解他是怎么做的。

我们确立了4个目标：

1）典型性：葡萄品种所表现出的特征。

2）纯粹：不添加任何化学制剂，不使用化肥、杀虫剂和二氧化硫。

3）和谐：这一点不要跟“平衡”混为一谈，平衡是指酒精度、酸度和单宁恰到好处，但和谐是另一个概念，它也可以说是酒农的直觉。

然后是第4点：酒经得起陈酿。如果没有任何添加物，而且存放条件很好，它就可以陈酿得很好。
那之后很快，葡萄酒专卖店、餐厅以及散客都开始对天然葡萄酒感兴趣。
不仅如此，还包括一些不怎么喝酒的人。有一次，我接待了一个由年轻的日本女孩组成的旅行团。
其中有一个女生认真地品尝了我的葡萄酒，然后她说：哦，这不是饮料，而是一种养料。我感受到它正在给我的身体提供养分！
ARBOIS PUPILLIN
WHITE WINE
Emmanuel HOUILLON

而酿酒师却会说：酒色不够清澈，有气泡升起，有一种陈腐的气味……
无论如何，我们做天然葡萄酒不是在投机取巧，天然葡萄酒的精髓是谦逊、朴实、开放和永恒的思考。

因为酿造不添加二氧化硫的酒，首先需要有很多的学识和保证卫生条件的严格标准，从葡萄园到酒瓶……

然后，这是一份世代相传的工作。我的祖父母、父母筛选了葡萄品种。在我之前，还有我的兄长们传承父辈的手艺。

这是经验的优势。但是也需要投入财力物力，不能什么都不付出就想着获得一切。否则，人们就会对所谓的天然葡萄酒失去信任了。
因为有的时候，刚起步的年轻人就想着在5分钟内把一切都搞定……其实他们可以来向我们取经。

* 参见《舌尖上的法国：冬藏春耕》第22页。

你呢？你将这个经验传授下去了吗？
是的，马努从1990年就跟着我。他拥有我所有的工具，所有的酒窖。他并不是白手起家的。*

而他现在对生物动力学有了更多想法，我们重新筛选了葡萄品种。他比我走得更远……
我们只有一个最大的担忧，就是行政部门会妨碍我们工作。看看他们是如何摧毁汝拉地区的小型奶业合作社的，你就知道了。

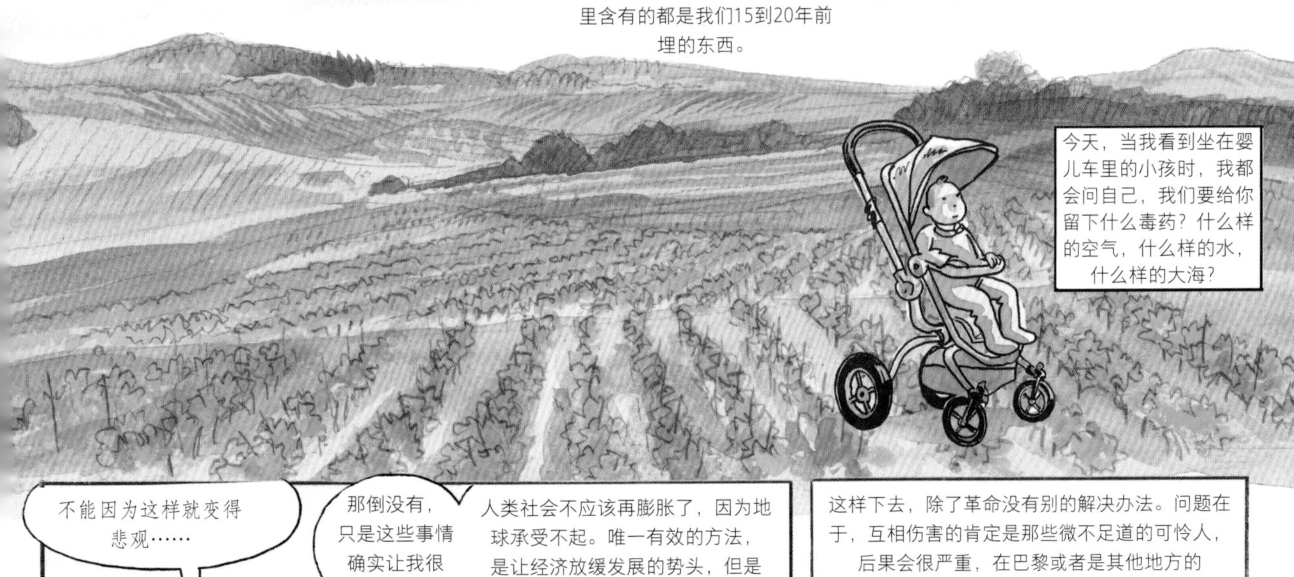
他们推出的标准，只有大型跨国公司才能符合要求。他们想消灭我们这些小的经济体。我们不用抱有什么幻想。政治家负责管理，但下达指令的是寡头。
还有另一件让我们担忧的事，那就是污染问题。91%的水都被污染了。含水层每年下降1米，现在水里含有的都是我们15到20年前埋的东西。
尽管人们意识到了问题，采取了措施，从现在停止污染，但是由于惯性作用，这个局势是无法逆转的。
今天，当我看到坐在婴儿车里的小孩时，我都会问自己，我们要给你留下什么毒药？什么样的空气，什么样的水，什么样的大海？

不能因为这样就变得悲观……
那倒没有，只是这些事情确实让我很担忧。
人类社会不应该再膨胀了，因为地球承受不起。唯一有效的方法，是让经济放缓发展的势头，但是他们的做法正好相反。

这样下去，除了革命没有别的解决办法。问题在于，互相伤害的肯定是那些微不足道的可怜人，后果会很严重，在巴黎或者是其他地方的大街上……

无论如何，我希望我是错的，知道吗？

* 2001年，由于没有孩子，皮埃尔·欧维诺将酒庄传给了养子埃马纽埃尔·乌永，马努（埃马纽埃尔的昵称）现在与安妮育有4个孩子。

咖啡树

伊波利特·库尔蒂，咖啡树。
在经营咖啡馆之前，我是研究中世纪史的，之后当了老师。我在索邦大学待了10年。

历史、写作、研究，我甚至在梵蒂冈宗座图书馆工作过，我教过书，研究过教育学。

虽然我在那里收获了很多快乐，但是我当时正在寻找一种表达方式，另外一种传播方式……

在做研究期间，我一边做本职工作，一边做了很多跟餐饮行业有关的事情，以美食为中心……
有一天，我发现市面上并没有符合我期望的那种高质量咖啡。

现在的人一味地追求产量，各种混搭，但是所有造就产品的因素，就是说生产者、产地、品种、风土、技艺，这些都不存在，或者都没有被赋予任何价值。

于是我找到了我的方向……和位置。

种植咖啡的国家与消费咖啡的国家是分离的。消费得最多的咖啡品种是来自埃塞俄比亚和也门的小果咖啡，以及来自法属赤道非洲的中果咖啡……我们也有大果咖啡，一个快要灭绝的品种。

咖啡的发源地是非洲，但是历史上并没有明确的记载，也有很多传说……
在伊斯兰化的进程中，穆斯林从摩卡港将来自埃塞俄比亚和也门的第一批小果咖啡运出，苏菲派的教徒会喝这种饮料，为了熬夜时保持清醒。
MOCHA

16世纪末，咖啡从威尼斯和那不勒斯进入欧洲。1683年，土耳其人围攻维也纳时也带来了咖啡。到了路易十四时期，则是通过奥斯曼帝国和马赛港。

随后，荷兰和法国之间爆发战争。荷兰人最先将咖啡引进他们的殖民地：印度尼西亚、锡兰和南美洲的苏里南。

在留尼汪，法国人引进了另一个小果咖啡品种，它在当地发生了突变，成为现在的尖身波旁。

BOURBON·POINTU·GRAND·CRU
·LA REUNION·

你与多少个生产者一起合作？
大约12位来自四大洲的生产者。我会协助他们1年，运转正常了之后，就只在他们需要的时候帮助他们。
你一年去看几次？
我一般每两年去拜访一次我的生产商。

什么样的风土对咖啡来说是好的？
海地，那里拥有世界上少见的大面积火山岛珊瑚礁。只是考虑到这个国家的现状，是不可能在那里种植的。

埃塞俄比亚的咖啡产自该国西南部，那里是这个品种最原始的产地。

MONTS-AMARO
·ETHIOPIE·

我在夏威夷有一位生产者采用的是生物动力法，我买下了她所有的产出，救了她，不然她就不干了。

在巴西，咖啡树生长到15年，最多20年，直到不再产出，然后就被拔掉了。

在留尼汪，雾气太重，以至于根本就不需要森林遮阴。那里都是些草本植物和香根草属植物。

在赤道上则恰恰相反，那里丛林密布。
CAFE·JACU·BIRD
·BRESIL·
IAPAR·ROUGE
·BRESIL·

印度有几个采用生物动力法的生产商，1个月前，我在那里帮助他们运用一种技术来提高咖啡的质量。

·INDE·

我们所有的咖啡都做了标记。我直接从生产者那里购买。他们准备好包装袋，然后寄给我们。我所有的生产者，都用手工筛选咖啡果。这也解释了为什么价钱会比较高。

咖啡树是一种生长在热带地区的常绿灌木。高处树冠投下的树荫正好满足它对半荫蔽环境的需要。否则，太强烈的阳光会灼伤果实、花朵和叶子，从而抑制光合作用。

咖啡的差异主要取决于海拔高度、从开花期到采收期的间隔时长，尤其是青果期持续的时长，这一段生长期越长，咖啡的香气就越复杂。

行业标准规定，提供咖啡果的树不能超过20岁。但是跟酿酒葡萄树一样，前3年不能采收。

我们管咖啡的果实叫小樱桃，采收结束以后，小樱桃将被晒干，去除果皮和果肉，进行清洗。

我们把它们铺平放在阳光下晒干，或者直接给它们去皮……

我们把这些小樱桃放在一个大池子里，水会慢慢流掉，果子则在里面发酵16至36个小时。这需要在天气炎热的国家，温度介于22至30摄氏度。因为发酵过程很快，所以需要注意避免发生酒精发酵。小樱桃去除果皮和果肉以后就成了绿色的咖啡豆。

如今，我们在做很多关于发酵方式的实验。这方面的研究虽然刚刚开始，但是已经具有很高的热度了。

在我大多数的种植园里，晾干的过程都是在一个大棚里进行的，配备持续运转的通风设施，以便控制湿度，获得稳定的品质。目前来说，这是最好的晾干方法。

对于植物来说，重要的是土地和空气。我长期合作的那些人都认为植物群是一个有生命的机体，他们都不说植物，而是说植物群。

你每种咖啡的烘焙程度都不一样吗？

在烘烤过程中，水分被全部蒸发，咖啡豆开始变成焦糖色。果粒展开，甚至爆裂，体积也变成原来的两倍。

这个时候焙炒机就要开始工作了，让咖啡获得酸度、不同的香气、浓度以及苦味。
这个时候就可以打造你产品独有的特征。
ROBAT

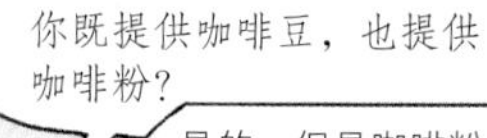
你既提供咖啡豆，也提供咖啡粉？

是的，但是咖啡粉需要现磨，不然的话，咖啡粉会过度氧化，不再具有香气，也没有了油脂。

咖啡真是一种很神奇的东西，你可以用各种各样的方式来使用它、喝它，方法无穷尽……

饭后喝一杯咖啡，它的酸度可以用来清口。

土耳其咖啡会被煮开三次，它的口感非常丰富，通常会散发出小豆蔻的香气。这种咖啡需要慢慢喝，因为你只有慢品，才能让咖啡渣有时间沉淀。

浓缩咖啡里油脂含量高，喝起来很顺滑、黏稠。然而，当你喝过滤咖啡时，感受到的是复杂的香气、柔和的单宁、水的质量……
FLORIAN

我们咖啡的特征，就是很注重产地。因为我感兴趣的是种植阶段的工作、产品和地域的个性。

错误的观点，是认为咖啡跟其他的“产品”不一样。但事实上，它比葡萄酒还要复杂……

火枪手雪茄

最近几年，在贝阿恩岱高夫镇发展出了一种独一无二的技术：生产纳瓦尔雪茄。纳瓦朗克斯是康德伯德家族的发源地，伊夫的奶奶曾经在这里经营客栈，就在蒂埃里·弗龙泰尔现在经营的雪茄工坊的对面。

这座建筑建于1537年，以前是火枪手的营房。

我们著名的火枪手波尔多斯*，在这里看守弹药，度过了他最后的军人生涯。

他那时就在对面的康德伯德家酒店吃饭！没错，3个世纪以前，他们就已经驻扎在那儿了！

哇哦哦！

说真的，我所有的雪茄都是以火枪手命名的：阿多斯、波尔多斯、阿拉密斯、达达尼昂……

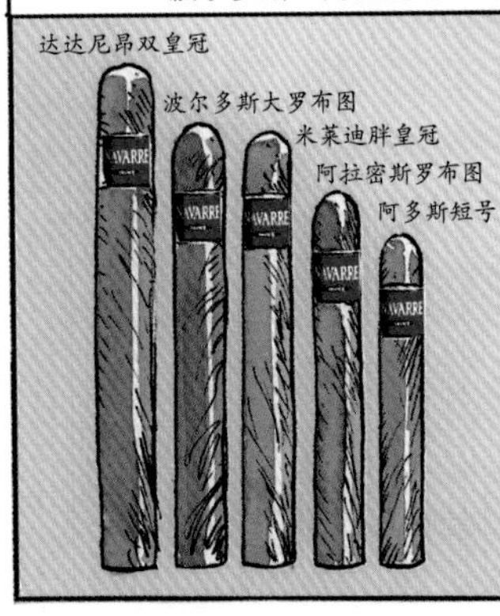

达达尼昂双皇冠
波尔多斯大罗布图
米莱迪胖皇冠
阿拉密斯罗布图
阿多斯短号

还有米莱迪！

一款女士小雪茄，因为更细腻精致？

是的，不过她是个出了名的坏女人。

3年前，我接手了这间雪茄工坊，所有的烟叶都来自这里。

在克里斯托弗·哥伦布将烟草这种植物从美洲引进欧洲以后，法国驻葡萄牙大使尼古将烟草种子带回了法国，得益于他，这里的烟草种植历史已经有600年了。

最初，他把这种植物当成一种草药，介绍给了凯瑟琳·德·美第奇皇后。
在这里，我们拥有非常适宜的土地，土壤排水性好，温差特别大。

你又是怎么当上纳瓦尔雪茄的领头人的呢？

这故事说起来很有意思，我是无意中被牵连进来的。

*波尔多斯是大仲马小说《三个火枪手》中的虚构人物。他与阿多斯、阿拉密斯都是主人公达达尼昂的好友。波尔多斯的原型是出生于波城的真实人物：火枪手伊萨克·德·波托。

我对雪茄本来一无所知。
我以前每天抽3包烟。戒烟的时候，我说过：
烟草，再也不碰了！

我卖了自己的公司，一家媒体集团，回到这里，回到了外省。有人跟我说，纳瓦朗克斯发生了一件悲惨的事情，有一家烟草生产公司正在被清算！

有人把烟农介绍给我，又给清算人打了电话。8天之后，我就获得了许可证。我出了一个低得离谱的价钱，想着肯定会被拒绝，没想到他们竟然接受了……
我于是买下了6万支雪茄的库存以及7吨的烟草。就这样重新开始了！

种植的期间是3月到7月。我们跟当地的一位农民合作，
就是一开始就在这里的那位烟农。

我们收集那些烟草苗。

将它们放进温室里。等它们的茎长得粗壮的时候，再将它们移植到别处。我们有一片在野外的种植地，像玉米地那样。另一片地的上方则覆盖了一张巨大的薄布。
为什么会有这种差别呢？

野外的田有助于烟心叶子的生长。而包裹烟心的外层叶子需要长得很薄，且叶脉少。这样的薄布可以用来遮挡阳光和恶劣天气。叶子受到保护，自身不需要努力抵抗，这样叶脉就会更少了。

我们也不用杀虫剂，治理霜霉病用的是跟葡萄园里一样的方法。
你们是有机生产吗？

不是，我们没有权利叫这个。
为什么？

因为我们不能给烟草做广告。

我们实行一套休耕制度，与牧场轮作，
养一养牛，让土地恢复肥力。

我们有一个绝妙的优势：比利牛斯山。我们位于3个山谷的汇合处：多索谷、阿斯佩谷和巴来图谷，简直是天选之地。上游没有密集的种植地，流到这里的水还很纯净，没有氯，氯会阻止烟草燃烧。

我们雪茄的特别之处在于，它是单一品种，就是只用一种烟草。

一株烟草可以生产两支到两支半雪茄。会剩出来很多角料，毕竟它有14片叶子。

两公顷的烟草可以做出15万支雪茄，但我每年只做8万支。因为我正在储备烟草的库存，为进军美国市场做准备。

我们将烟草叶晾干。它们的体积会缩小80%。烟农将烟草按由上到下的生长位置分成三个级别：最上面的叶子，接受的阳光最充足，被称为浅叶，拥有非常浓郁的香气。

中间层的被称为干叶，非常芳香，最下面的被称为淡叶，它主要用来充当燃料。

接下来就需要我们混合烟叶，组装成雪茄。我们会把烟草放在一个湿度95%、温度45摄氏度的房间里，让水分蒸腾。去掉中间最粗的叶脉。所有工序都是手工操作。我们把每片叶子对折，然后放入箱中，保存3年。

我们拥有古巴最好的技术，因为这些卷烟师都是一开始就跟罗梅里欧从古巴过来的，罗梅里欧是种植主管。雪茄厂清算的时候，他去做了面包师。

在让–吕克·康斯坦蒂那里工作的人就是他。
没错，但是这些女工，我把她们留下来了。

女士们，你们好！
这个卷烟的桌子，是专门根据古巴的样式做出来的。用的是我们当地的树木，来自伊拉堤的山毛榉。

卷烟的过程分为两个步骤：第一是茄心的部分，它所体现的浓郁程度和芳香类型将代表每支雪茄的个性；第二是茄衣的部分，用来包裹茄心的叶子，它会决定雪茄颜色和外观。

奥尔加正在那里做罗布图，她选择需要用到的叶子，把握准确的数量，以保证每一支雪茄的重量都是一样的。

快完成时，她会使用一种无毒无害的植物胶粘合烟叶，这是一种阿拉伯橡胶树分泌的黏液。

生产一支雪茄，要经过600道工序。从小小的种子到最后阶段的制作和质量监控。

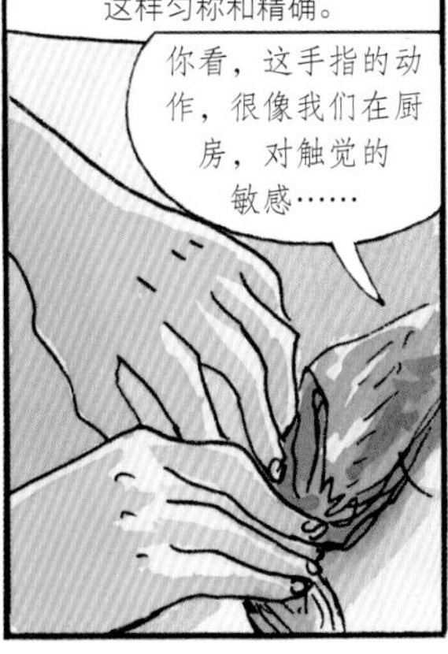
最厉害的就是，她们做得这样匀称和精确。
你看，这手指的动作，很像我们在厨房，对触觉的敏感……

3个卷烟女工，如果美国需要10万支雪茄，我们就会有6个卷烟女工，奥尔加的妹妹和女儿……

您在法国待多长时间了？
9年。
所以您已经是贝阿恩人了！

COFFEE PLANTATION. COSTA RICA.

咖啡种植园，哥斯达黎加

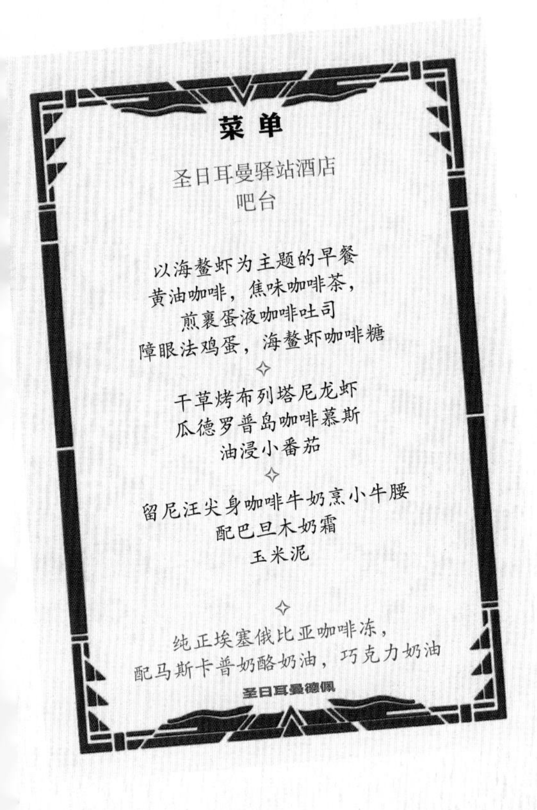
菜单
圣日耳曼驿站酒店
吧台
以海螯虾为主题的早餐
黄油咖啡，焦味咖啡茶，
煎裹蛋液咖啡吐司
障眼法鸡蛋，海螯虾咖啡糖
干草烤布列塔尼龙虾
瓜德罗普岛咖啡慕斯
油浸小番茄
留尼汪尖身咖啡牛奶烹小牛腰
配巴旦木奶霜
玉米泥
纯正埃塞俄比亚咖啡冻，
配马斯卡普奶酪奶油，巧克力奶油
圣日耳曼德佩

纯正埃塞俄比亚咖啡冻，配马斯卡普奶酪奶油，巧克力奶油

准备时间：45分钟

食材（4人份）

用于制作咖啡冻（在前一天晚上准备好）

★400毫升浓缩咖啡　★3张明胶

★20克细砂糖

用于制作马斯卡普奶酪奶油

★150克马斯卡普奶酪　★100克稀奶油

★50克糖粉

用于制作巧克力奶油

★125克可可含量为75%的黑巧克力　★60克糖

★500毫升稀奶油　★2个蛋黄　★1个鸡蛋

准备工作

咖啡冻

1. 将明胶浸泡于冰水中。
2. 在热咖啡中加入糖，然后放入已经变软并沥干水分的明胶。
3. 搅拌均匀后放入冰箱待用。

马斯卡普奶酪奶油

将上面提到的所有食材混合搅拌均匀，放入冰箱待用。

巧克力奶油

1. 将巧克力掰成小块，放入沙拉盆中，放在一个靠近热源的地方，让它慢慢融化。
2. 用搅拌器将稀奶油打发成发泡鲜奶油（不加糖），放入冰箱待用。
3. 将糖放入一口有柄平底锅中，加入两汤匙水，然后将其加热到115至117摄氏度之间。
4. 在搅拌器中，加入2个蛋黄和1个鸡蛋、两汤匙水，用快速挡打出稠腻的蛋黄酱。转为慢速挡，并慢慢加入煮好的糖浆。将搅拌均匀的蛋黄酱倒入已经融化的巧克力，迅速搅拌均匀。最后加入打发的稀奶油，轻柔地搅拌均匀后放入冰箱待用。
5. 拿一个中间凹陷的盘子，凹陷部分的直径不大但是比较深，先铺一层巧克力奶油，再铺一层马斯卡普奶酪奶油，放入冰箱待用。
6. 用手持电动搅拌棒用力搅打咖啡冻，使其变成有点呈胶状的咖啡酱。上菜时，将咖啡冻盖在盘子上面，尤其注意保持清凉。

大厨的建议：

－这个甜点的三个组成部分都可以在前一天准备好，然后在上菜之前进行摆盘。

－最好选用透明的容器，以便客人欣赏不同层的颜色。

建议配酒：夏尔・乌尔酒庄，乌乎拉甜白，2012年份，朱朗松法定产区。

致 谢

两年的时间，我们拜访了难以计数的生产者。我们听到了特别的故事，遇见了特别的人。无论他们是否出现在本书中，我们都向他们表达最真诚的谢意。

躲入丛林

皮埃尔·卡利（Pierre Carli），安托万-马里（Antoine-Marie），让-巴蒂斯特（Jean-Baptiste），玛丽（Marie）和安托万·阿雷纳（Antoine Arena），"钓鱼的猫"餐厅的让-米歇尔·温琴泰利（Jean-Michel Vincentelli），让-克里斯托夫·皮盖-布瓦松（Jean-Christophe Piquet-Boisson）。

完美的酒

达维德·迪卡苏（David Ducassou），法布里斯（Fabrice）和塞巴斯蒂安·博尔德纳夫-孟德斯鸠（Sébastien Bordenave-Montesquieu）。

起源于贝阿恩

让（Jean）和热尔梅娜·康德伯德（Germaine Camdeborde），菲利普·康德伯德（Philippe Camdeborde）。

清晨 5 点的小牛肉

让-马克·柏杜拉（Jean-Marc Bedoura）和他的家人。

贝阿恩的小牛奶

法妮（Fanny）和让-巴蒂斯特·费朗（Jean-Baptiste Ferrand），以及他们的孩子托恩（Tom）、佩尤（Peïo）、马里于斯（Marius）。

阿努什卡

让-皮埃尔·布朗代（Jean-Pierre Planté）和他的夫人，朱利安·杜博埃（Julien Duboué），洛朗·圣奥班（Laurent Saint-Aubin）和他的夫人。

露天散养的家禽

皮埃尔·迪普朗捷（Pierre Duplantier）。

来点儿面包蘸酱汁吗?

让-吕克·布若朗（Jean-Luc Poujauran），热拉尔·缪洛（Gérard Mulot），蒂埃里·布雷东（Thierry Breton）。

面包的对角线

让-吕克（Jean-Luc）和纳塔莉·康斯坦蒂（Nathalie Constanti），以及 Lannes-en-Barétous 面包店的全体成员。

面包狂人

亚历克斯（Alex）和瓦莱丽·克罗凯（Valérie Croquet），以及 Wattignies 面包店的全体成员。

地下盐

克罗德·塞尔-库西纳先生（Claude Serres-Cousine），萨利德贝阿恩市市长，路易·杜博埃（Louis Duboué），迪迪埃·富瓦（Didier Fois），以及萨利德贝阿恩的盐博物馆。

好人之间

蒂埃里·帕尔东（Thierry Pardon），他的儿子西尔万（Sylvain）和儿媳克莱芒丝（Clémence）。

比戈尔的黑猪

皮埃尔·马代龙（Pierre Matayron）。

100 只牡蛎

若埃尔·迪皮什（Joël Dupuch），埃莉斯（Elise）和让娜（Jeanne）。

开心时刻

夏尔·乌尔（Charles Hours）和他的女儿玛丽（Marie）。

酒农的优雅

马克西姆·马尼翁（Maxime Magnon）。

未来之乡

萨米埃尔·纳翁（Samuel Nahon），亚历山大·德鲁阿尔（Alexandre Drouard）。

好的杂草

安妮·贝尔坦（Annie Bertin）。

陆 鲜

塞德里克（Cédric），拉斐尔（Raphaël），他们的父母和祖母。

海 鲜

雅克·卡多雷（Jacques Cadoret）先生和夫人，让-雅克·卡多雷（Jean-Jacques Cadoret）先生和夫人。位于贝隆河畔里耶克和卡朗泰克的卡多雷牡蛎的全体成员，Ecailler-du-Bistrot 的格温·卡多雷（Gwen Cadoret）和位于巴黎的 Bistrot-Paul-Bert 的贝特朗·奥布瓦诺（Bertrand Auboyneau）。

天然瓦尔制造

雷诺·瓦萨（Renaud Vassas）。

康斯坦先生

克里斯蒂安·康斯坦（Christian Constant），埃尔韦·凯内尔（Hervé Quesnel），蒂埃里·福谢（Thierry Faucher），让-弗朗索瓦·鲁凯特（Jean-François Rouquette），让-弗朗索瓦·皮耶热（Jean-François Piège），蒂埃里·布雷东（Thierry Breton），让·肖韦尔（Jean Chauvel），埃里克·弗雷雄（Éric Fréchon），曼努埃尔·勒诺（Manuel Renaut）。

天然葡萄酒先锋

皮埃尔·欧维诺（Pierre Overnoy），埃马纽埃尔·乌永（Emmanuel Houillon）。

咖啡树

伊波利特·库尔蒂（Hippolyte Courty）。

火枪手雪茄

蒂埃里·弗龙泰尔（Thierry Frontère），罗梅里欧（Romelio），奥尔加（Olga），以及纳瓦朗克斯的纳瓦尔雪茄的全体成员。

附录一：美食探索地图

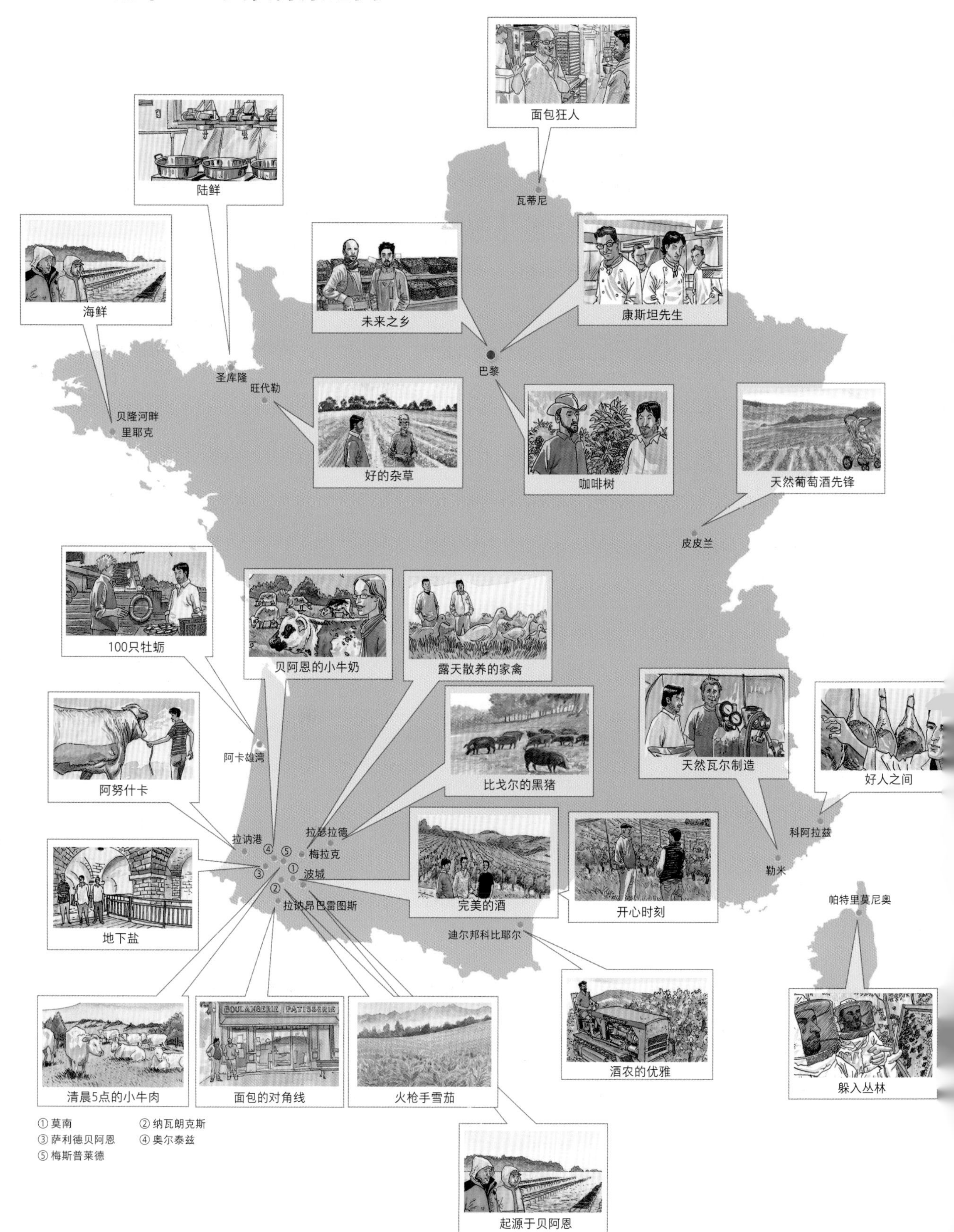

面包狂人
瓦蒂尼
陆鲜
海鲜
未来之乡
康斯坦先生
巴黎
圣库隆
旺代勒
贝隆河畔
里耶克
好的杂草
咖啡树
天然葡萄酒先锋
皮皮兰
100只牡蛎
贝阿恩的小牛奶
露天散养的家禽
比戈尔的黑猪
天然瓦尔制造
好人之间
阿卡雄湾
阿努什卡
拉纳港
拉瑟拉德
梅拉克
波城
拉纳昂巴雷图斯
完美的酒
开心时刻
科阿拉兹
勒米
地下盐
迪尔邦科比耶尔
帕特里莫尼奥
清晨5点的小牛肉
面包的对角线
BOULANGERIE PATISSERIE
火枪手雪茄
酒农的优雅
躲入丛林
起源于贝阿恩
① 莫南
② 纳瓦朗克斯
③ 萨利德贝阿恩
④ 奥尔泰兹
⑤ 梅斯普莱德

附录二：背景知识小词典

（各分类项下的词条按书中首次出现的页码排序）

人名

皮埃尔·埃尔迈（Pierre Hermé），被誉为甜点界的毕加索，他做的甜点也被誉为甜品中的爱马仕，他是如今法国无人不知无人不晓的糕点师傅。（P52）

米达斯（Midas），亦译“迈达斯”，希腊神话中的弗里吉亚王。贪恋财富，求神赐予点物成金的法术，酒神狄俄尼索斯满足其愿望。最后连他的爱女和食物也都因被他手指点到而变成金子。（P74）

让-巴蒂斯特·柯尔贝尔（Jean-Baptiste Colbert，1619—1683），又称科尔贝，是法国政治人物、国务活动家。他长期担任法国财政大臣和海军国务大臣，是路易十四时代法国最著名的伟大人物之一。（P77）

弗朗索瓦·克鲁塞（François Cluzet，1955— ），法国著名男演员。2007年凭借电影《不可告人》荣获恺撒奖最佳男演员奖。2011年因参演电影《触不可及》而名声大噪，获得第25届欧洲电影奖最佳男演员和第37届恺撒奖最佳男演员提名并斩获第24届东京国际电影节主竞赛单元最佳男演员奖（P79）。

让·杜雅尔丹（Jean Dujardin，1972— ），法国男演员和喜剧演员。他凭借黑白默片《艺术家》获得2011年戛纳电影节最佳男演员奖、第69届金球奖最佳音乐/喜剧片男主角和第84届奥斯卡最佳男演员奖，成为奥斯卡史上首位法籍影帝。（P79）

玛丽昂·歌迪亚（Marion Cotillard，1975— ），法国女演员。1998年，凭借动作喜剧《的士速递》入围第24届法国恺撒奖最佳新人女演员奖。2007年凭借电影《玫瑰人生》获得第65届金球奖最佳音乐或喜剧类女主角奖、第80届奥斯卡金像奖最佳女主角奖。2009年，出演科幻电影《盗梦空间》。（P79）

罗兰·拉斐特（Laurent Lafitte，1973— ），法国男演员。2015年参演《要爹还是妈》。曾担任第69届戛纳电影节开闭幕式的主持人。（P79）

安塞尔姆·瑟罗斯（Anselme Selosse），香槟产区的工匠酿酒人。（P84）

让·尼古（Jean Nicot，1530—1604），法国外交官、语史学家，被视为将烟草引入法国的第一人。据说，烟草中的剧毒物质——尼古丁就是以他的名字命名的。（P114）

地名

科西嘉岛（Corse），西地中海的一座岛屿，也是法国最大的岛屿，位于意大利西方，法国东南部及萨丁岛的北方。气候为地中海气候。现在是法国的大区。（P8，P12，P17，P23，P25）

农业荒漠（Désert des Agriates），位于科西嘉岛北端。虽然名为“荒漠”，但其实是一个重要的生物多样性保护区，出产很多受保护的稀有品种。“荒漠”的名字出现于“一战”以后，当地人口失去了很多年轻劳动力，于是农田逐渐荒废了。（P8，P9，P13）

卡斯塔尼恰（Castagniccia），位于科西嘉岛东北部的一片自然区域。（P8，P9）

圣弗洛朗（Saint-Florent），位于上科西嘉省的一个海滨小镇。（P8，P16，P17）

莫尔朗（Morlanne），法国市镇，位于大西洋比利牛斯省，属于波城区。（P27）

萨利德贝阿恩（Salies-de-Béarn），法国大西洋比利牛斯省的一个市镇，位于该省北部偏西，属于波城区。（P26，P50，P64，P66）

莫南（Monein），法国大西洋比利牛斯省的一个市镇，位于该省中东部，属于奥洛龙-圣玛丽区。（P27，P80）

贝阿恩（Béarn），法国西南部的旧省，后划归大西洋比利牛斯省。当地美食属于加斯科菜系，多以土地出产的天然食材为原料。葡萄酒则以朱朗松产区的干白和甜白最为知名。（P27，P30，P32，P34，P36，P39，P44，P45，P50，P52，P55，P64，P66，P80，P81，P91，P117）

纳瓦朗克斯（Navarrenx），法国市镇，位于大西洋比利牛斯省，是贝阿恩地区历史最悠久的城市之一。（P30，P53，P114，P115）

波城（Pau），法国市镇，大西洋比利牛斯省首府，位于法国西南部，气候宜人，是著名的疗养胜地。（P30，P32，P44，P81，P106）

莱斯卡（Lescar），法国市镇，位于大西洋比利牛斯省，历史上曾为贝阿恩地区的首府和贸易中心，现为波城的主要卫星城之一。（P30）

万塞讷（Vincennes），法国市镇，位于法国法兰西岛大区马恩河谷省，巴黎东部近郊。（P31）

欧特伊（Auteuil），法国旧镇，后被并入巴黎市，成为巴黎第16区南部的欧特伊区。（P31）

奥尔泰兹（Orthez），法国西南部城市，隶属于波城区。（P34）

萨瓦省（Savoie），法国罗讷-阿尔卑斯大区所辖的省份。（P39）

朗德省（Landes），法国阿基坦大区所辖的省份，滨大西洋，省会蒙德马桑。（P40，P51）

拉讷港（Port-de-Lannes），法国朗德省的一个市镇，属于达克斯区。（P40）

洛特-加龙省（Lot-et-Garonne），法国阿基坦大区所辖的省份。（P41）

梅拉克（Méracq），法国大西洋比利牛斯省的一个市镇，属于波城区。（P46，P91）

南奥索峰（Pic du Midi d'Ossau），位于法国西南部大西洋比利牛斯省境内的比利牛斯山奥索谷，靠近西班牙边境，属于比利牛斯山国家公园的一部分，海拔2884米。（P49）

拉讷昂巴雷图斯（Lannc-cn-Barétous），法国大西洋比利牛斯省的一个市镇，属于奥洛龙-圣玛丽区。（P52）

瓦蒂尼（Wattignies），法国上法兰西大区北部省的一个市镇，位于该省中部，省会里尔市区以南，属于里尔区和里尔欧洲都会区。（P56）

默兹省（Meuse），法国大东部大区所辖的省份，北邻比利时。（P60）

瓦兹省（Oise），法国上法兰西大区所辖的省份，得名于瓦兹河。（P60）

里舍朗舍（Richerenches），法国普罗旺斯-阿尔卑斯-蔚蓝海岸大区沃克吕兹省的一个市镇，被誉为“松露之都”。（P62）

特雷邦（Trébons），法国上比利牛斯省的一个市镇，位于该省中部略偏西，属于巴涅尔-德比戈尔区。盛产甜洋葱。（P62）

盖朗德（Guérande），法国大西洋卢瓦尔省的一个市镇，毗邻大西洋。2004年被评为“艺术与历史之城”，以盐沼泽和中世纪城堡著称。（P65）

科阿拉兹（Coaraze），法国滨海阿尔卑斯省的一个市镇，属于尼斯区。（P66）

哈武戈（Jabugo），西班牙安达卢西亚自治区韦尔瓦省的一个市镇，是西班牙伊比利亚火腿的著名产地。（P68）

比戈尔（Bigorre），法国奥克西塔尼大区上比利牛斯省的一个传统地区，是加斯科涅的一部分。（P70，P71，P86）

拉瑟拉德（Lasserade），法国热尔省的一个市镇，属于米朗德区（Mirande）普莱桑斯县（Plaisance）。（P70）

阿卡雄湾（Bassin d'Arcachon），法国的海湾，位于西南岸，属于大西洋的一部分，该海湾有约350个渔夫从事养蚝业。（P77，P78，P98，P102）

马雷讷（Marennes），法国滨海夏朗德省的一个旧市镇，坐落于大西洋沿岸的一片滩涂之上，是法国大陆前往奥莱龙岛的必经之路。（P77）

奥莱龙岛（Île d'Oléron），位于法国西南部滨海夏朗德省，比斯开湾北部，为法国第二大岛（不包括海外领地）。（P77，P102）

居让-梅斯特拉斯（Gujan-Mestras），法国吉伦特省的一个市镇，位于该省西南部，属于阿卡雄区。（P77）

昂代诺斯莱班（Andernos-les-Bains），法国吉伦特省的一个巾镇，属于阿卡雄区。（P77）

阿雷斯（Arès），法国吉伦特省的一个市镇，属于阿卡雄区。（P77）

迪尔邦科比埃（Durban-Corbières），法国奥德省的一个市镇，属于纳博讷区。（P82，P83）

科比埃新城（Villeneuve-les-Corbières），法国奥德省的一个市镇，位于该省东部，属于纳博讷区。（P83）

卡斯卡斯泰代科比埃（Cascastel-des-Corbières），法国奥德省的一个市镇，属于纳博讷区。（P83）

萨维尼莱博讷（Savigny-lès-Beaune），法国科多尔省的一个市镇，位于该省南部，属于博讷区。（P84）

纳瓦拉（Navarre），西班牙北部一个自治区。前身是一个独立王国，1515年上纳瓦拉与西班牙合并。1589年，由于国王纳瓦拉的亨利（本名亨利·德·波旁）继承法国王位，成为亨利四世，下纳瓦拉与法国合并。（P90）

普瓦图（Poitou），法国中西部的一个旧时行省，省会为普瓦捷。现今隶属于阿基坦大区。（P90）

帕尔达扬（Pardailhan），法国埃罗省的一个市镇，属于贝济耶区。（P90）

阿让特伊（Argenteuil），法国中北部城市，法兰西岛大区瓦兹河谷省的一个市镇，同时也是该省的一个副省会，下辖阿让特伊区。（P90）

萨尔特（Sarthe），法国卢瓦尔河地区大区所辖的省份。（P91）

旺代勒（Vendel），法国布列塔尼大区伊勒-维莱讷省的一个旧市镇，位于该省东北部，属于富热尔-维特雷区。（P92）

雷恩（Rennes），法国西北部城市，布列塔尼大区伊勒-维莱讷省的一个市镇，也是大区首府和该省的省会。（P92，P94）

圣马洛（Saint-Malo），法国西北部城市，布列塔尼大区伊勒-维莱讷省的一个市镇，同时也是该省的一个副省会，是该省人口第二多的市镇，仅次于省会雷恩。（P96）

康卡勒（Cancale），法国伊勒-维莱讷省的一个市镇，位于该省北部，大西洋海滨，属于圣马洛区。（P96）

圣库隆（Saint-Coulomb），法国伊勒-维莱讷省的一个市镇，属于圣马洛区康卡勒县。（P96）

维勒迪约莱波埃勒（Villedieu-les-Poêles），法国芒什省的一个旧市镇，属于圣洛区。2016年1月1日起，维勒迪约莱波埃勒和相邻的鲁菲尼合并成为维勒迪约莱波埃勒-鲁菲尼，并成为新市镇的政府驻地。（P97）

贝隆河畔里耶克（Riec-sur-Belon），法国布列塔尼大区菲尼斯泰尔省的一个市镇，位于该省东南部，属于坎佩尔区。（P98）

菲尼斯泰尔省（Finistère），法国布列塔尼大区的一个省。省名是拉丁语“大地尽头”的意思，取义于该省位于法国欧洲大陆部分的最西部。（P98，P100）

潘波勒（Paimpol），法国西北部城市，布列塔尼大区阿摩尔滨海省的一个市镇，隶属于甘冈区。（P98，P100）

基伯龙（Quiberon），法国莫尔比昂省的一个市镇，位于该省大陆最南端，属于洛里昂区。（P98，P102）

卡朗泰克（Carantec），法国菲尼斯泰尔省的一个市镇，位于该省北部，属于莫尔莱区。（P98，P100）

布雷斯特（Brest），法国西北部城市，布列塔尼大区菲尼斯泰尔省的一个市镇，同时也是该省的一个副省会，是该省人口最多的城市，在布列塔尼大区内排名第二，仅次于首府雷恩。（P98）

莫尔莱（Morlaix），法国西北部城市，布列塔尼大区菲尼斯泰尔省的一个市镇，同时也是该省的一个副省会，莫尔莱位于菲尼斯泰尔省东北部，是一个区域性的中心城市和交通枢纽。（P100）

瓦尔省（Var），法国普罗旺斯-阿尔卑斯-蔚蓝海岸大区所辖的省份，得名于瓦尔河。（P104）

勒米（Le Muy），法国普罗旺斯-阿尔卑斯-蔚蓝海岸大区瓦尔省的一个市镇。（P104）

蒙托邦（Montauban），法国西南部城市，奥克西塔尼大区塔恩-加龙省的一个市镇，同时也是该省的省会。法国画家多米尼克·安格尔和雕塑家安托万·布德尔的故乡。（P106）

默热沃（Megève），法国上萨瓦省的一个市镇，位于该省东部，阿尔卑斯山区之中，属于博讷维尔区。（P107）

摩卡（Moka），位于也门红海岸边的一个港口城市，现属塔伊兹省。从15世纪到17世纪，这里曾是国际最大的咖啡贸易中心。（P110）

锡兰（Ceylan），斯里兰卡民主社会主义共和国（简称斯里兰卡）的旧称，是个热带岛国，位于印度洋上。中国古代称其为狮子国、师子国、僧伽罗。（P111）

留尼汪（La Réunion），印度洋西部马斯克林群岛中的火山岛。为法国的海外省之一，即留尼汪省。（P111，P119）

贝阿恩岱高夫（Béarn des Gaves），法国市镇，位于大西洋比利牛斯省。（P114）

美食

群落生境，居住着不同形式的生物——动物、植物和真菌的地方。（P8）

继箱，蜂箱体包括底箱和继箱。继箱叠加于底箱上方，以扩大蜂巢的体积。当底箱已不够蜂群繁殖或贮蜜时，加上继箱可扩大蜂群育虫繁殖或增加蜂群贮蜜的空间。继箱的长和宽与底箱的相同，但高度因其用途不同而异。一套蜂箱可有多个继箱。（P13）

布洛思优奶酪（Brocciu），科西嘉岛特产的山羊奶酪，法定产区级别，有新鲜的，也有精炼的。（P17）

枸橼（学名：Citrus medica，汉语拼音：jǔ yuán），又称香橼、香水柠檬；和柠檬的外观相似。枸橼和酸橙杂交的后代就是现今各种的柠檬。（P17）

野草莓树（学名：Arbutus unedo），原产于美国中部和西北部，以及欧洲西部到地中海地区。野草莓树的果实是草莓状的圆形浆果，可食用，但味道与草莓完全不同。（P13，P17）

盐之花，法国中西岸盐田的特产海盐，产量稀少，采集难度高，被称为“盐中的劳斯莱斯”，味道层次丰富，咸而不苦，能更加凸显食材的本味，适宜直接撒

在菜品上调味。（P17，P51）

塔耶旺（Taillevent），位于巴黎的美食餐厅，成立于1946年。（P22）

玉米菜豆，贝阿恩特有的一种菜豆，菜豆与玉米混种在一起，菜豆蔓会顺着玉米秆往上爬。因为玉米叶能起到遮阳的作用，菜豆的果肉嫩、果皮薄，因此口感很好，且营养丰富。（P30）

布雷斯鸡，出产于法国东部布雷斯（Bresse）地区。其特点是：鸡冠鲜红，羽毛雪白，脚爪钢蓝，与法国国旗同色，被誉为法国的“国鸡”。（P31，P77）

牝（音pìn）犊，没有生育过的小母牛。（P32）

青贮饲料，多由青绿作物或副产物经过密封、发酵后而成，主要用于喂养反刍动物。青贮饲料比新鲜饲料耐储存，营养成分强于干饲料。另外，青贮饲料储存占地少，没有火灾问题。（P38，P41）

马苏里拉奶酪（mozzarella），一种源自意大利南部城市坎帕尼亚和那不勒斯的淡奶酪。最初以水牛奶为主要材料，但由于成本原因，现在大部分都已经改用牛奶制作。（P39）

勒布洛雄奶酪（reblochon），产自法国的阿尔卑斯山附近地区一款标志性的奶酪，其产区包含上萨瓦省的大部分地区和萨瓦省的阿尔利河谷。此奶酪只采用当地农场和奶酪厂所生产的全脂生牛奶制成，距今已有5个多世纪的历史了。（P39）

瓦什寒奶酪（vacherin），生牛奶制作，是瑞士弗里堡州的有名特产，除了可生吃外，熔化之后食用也很好吃，因此经常作为奶酪火锅的原料使用。（P39）

蒙多尔奶酪（mont d’or），一种软皮的水洗奶酪。它通常装在云杉做的盒子里，然后用云杉树皮做的带子系起来，所以有种独特的木质香气。（P39）

雷诺特顶级厨艺学院（Ecole LENOTRE），成立于1971年，隶属于法国连锁甜点店品牌Le Nôtre，是目前欧洲地区唯一配备米其林餐厅用于实习的学校，也是欧洲地区师资水平最高的学校之一。（P52）

一粒小麦（学名：Triticum monococcum），小麦属中最原始的二倍体栽培种，野生的一粒小麦发现于新月沃土地区石器时代的遗址中，公元前7000年左右在今土耳其东南部地区开始人工培育。（P60）

斯佩尔特小麦（学名：Triticum spelta），与常见的小麦是近亲，从青铜器时代到中世纪在部分欧洲地区都是重要的农产品，如今在中欧仍有种植，作为一种健康食品重新在市场中出现。其蛋白质含量比小麦略大一点，并且，那些对小麦过敏的人一般可以食用斯佩尔特小麦。（P60）

杜松子，为刺柏属中多种植物所产生的雌性松球，可以被当成食物、草药或香料。在西餐中，主要使用刺柏的松球作为料理材料。金酒也使用杜松子作为酿酒原料。（P66）

伊比利亚猪，原产于伊比利亚半岛的家猪品种。在传统管理方式下，猪自由地行走在稀疏的橡树林中，它们不断地运动，因而比密闭环境下的猪燃烧更多卡路里。这样也就生产出了典型的细骨伊比利亚火腿。饲养一头猪至少需要一公顷健康的牧场。（P70）

橡子，最好和最甜的橡子来自冬青栎（或圣栎），它是一种生长于地中海和亚洲西部的栎属树木。常见于西班牙和葡萄牙。（P70）

慢食运动（Slow Food），由意大利人卡尔洛·佩特里尼提出，目的是对抗日益盛行的快餐。该运动提倡维持单个生态区的饮食文化，使用与之相关的蔬果，促进当地饲养业及农业。（P81，P88）

牛奶配额制，欧洲市场在“二战”后对牛奶的需求急剧上升，但20世纪70年代至80年代初，牛奶产量供过于求，导致奶价直线下跌。为稳定牛奶市场，当时的欧共体宣布自1984年4月2日起对成员国实行牛奶生产限制，每个成员国根据本国需求获得生产配额，如果生产超过限额，会受到制裁。（P92）

俱乐部三明治，用煎蛋、火腿、蔬菜、奶酪、熏肉和番茄等各式食材制作而成。有时会制成双层形式，切成四等份，并用牙签穿好。（P106）

银塔餐厅（La Tour d'Argent），位于法国巴黎第五区的一家星级法式餐厅。银塔餐厅自称是在1582年建立的，是巴黎最古老的餐厅之一，国王亨利四世曾是餐厅的常客。（P106）

罗布图，古巴雪茄最经典的尺寸之一，长度124毫米，直径19.8毫米，短而粗，是世界各地许多雪茄爱好者的必备雪茄。（P114，P117）

美酒

帕特里莫尼奥（Patrimonio），法国葡萄酒法定产区，位于上科西嘉省，葡萄园以帕特里莫尼奥镇为中心展开。（P8，P17）

安托万-马里·阿雷纳，珍藏干红，2014年份，帕特里莫尼奥法定产区（Antoine-Marie Arena Cuvée Memoria 2014, AOC Patrimonio）。（P17）

滗清，在装瓶前对葡萄酒进行澄清的一种技术，可以让酒质稳定，色泽更明亮。不做滗清的酒，酒糟与酒汁是混合在一起的。（P27）

朱朗松（Jurançon），葡萄酒法定产区，位于法国

贝阿恩地区，特色是酿造干型和半甜型白葡萄酒。（P27，P29，P39，P63，P80，P119）

满胜，朱朗松法定葡萄酒产区的主要白葡萄品种，有小满胜和大满胜两个种类。小满胜适合酿造干白和甜白，酿出的酒果香浓郁，酒体结实；大满胜一般用作调配，为酒带来酸度和酒精度。（P29，P80，P81）

马克西姆·马尼翁酒庄，康巴涅窖藏干红，2014年份，科比埃法定产区（Maxime Magnon cuvée Campagnès 2014，AOC Corbières）。（P45，P84）

科比埃（Corbières），法国朗格多克法定葡萄酒产区下面的子产区，位于奥德省南部，地处纳博讷和卡尔卡松之间，以及奥德河和东比利牛斯省之间。受益于地中海气候，葡萄酒口味层次丰富，极具魅力。（P45，P82）

萨瓦涅，果粒小，肉质丰厚且香味独特，属较晚成熟的葡萄品种。在其主产地——法国的汝拉（Jura）产区，是当地最出名的白葡萄品种，用来酿造汝拉黄酒的唯一原料。用其酿出的白葡萄酒常带有坚果和香料的风味，具有宜人顺口的酸味，口感非常干爽，亦十分丰富。（P51）

皮埃尔·欧维诺庄园，萨瓦涅干白，2011年份，阿尔布瓦-皮皮兰法定产区（Maison Pierre Overnoy Savagnin 2011，AOC Arbois-Pupillin）。（P51）

孟德斯鸠庄园干白，2014年份，朱朗松法定产区（Domaine Montesquiou sec 2014, AOC Jurançon）。（P63）

波尔多液，即无机铜素杀菌剂，1882年法国人A. 米亚尔代在波尔多城发现其杀菌作用，故取名波尔多液。它是由约500克硫酸铜、500克熟石灰和50千克水配制成的天蓝色胶状悬浊液。配料比例可根据需要适当增减。（P81）

茹塞酒庄，第一次约会干白，2014年份，卢瓦尔蒙路易法定产区（Lise et Bertrand Jousset Premier rendez-vous 2014，AOC Montlouis-sur-Loire）。（P87）

约瑟夫·郎德龙酒庄，闪岩天然干白，2014年份，蜜斯卡德法定产区（Joseph Lanron，Amphibolite nature 2014，AOC Muscadet）。（P103）

夏尔·乌尔酒庄，乌乎拉甜白，2012年份，朱朗松法定产区（Charles Hours，Clos Uroulat 2012，AOC Jurançon）。（P119）

其他

海滨自然保护组织（Conservaveur du Littoral），创建于1975年的法国公共组织，国际自然保护联盟成员，负责保护法国的海洋、湿地、河流和湖泊等附近的公共区域。（P8）

美洲奖，一项带挂车的小跑赛马比赛，1月的最后一个周日在万塞讷赛马场举行，是国际三大赛马赛事之一。（P31）

欧特伊障碍赛，一项障碍赛马比赛，每年5月在欧特伊赛马场举行。获胜的马被视为法国障碍赛最佳马。（P31）

毛细作用，又称毛细现象，是液体表面对固体表面的吸引力。毛细管插入浸润液体中，管内液面上升，高于管外，毛细管插入不浸润液体中，管内液体下降，低于管外的现象。毛巾吸水、地下水沿土壤上升都是毛细现象。（P64）

巴斯克人（Basques），一个居住于西班牙中北部以及法国西南部的民族。（P80）

梵蒂冈宗座图书馆，是圣座（即罗马教皇）的官方图书馆，一般简称为梵蒂冈图书馆。它建立于1475年，位于梵蒂冈城的梵蒂冈博物馆旁，是世界上手抄本收藏最丰富的图书馆之一。梵蒂冈每年准许4000到5000位学者入馆研究（需有大学或研究机构证明，且研究内容水平不得低于研究生论文水平），只有教宗可以把藏书带出图书馆，而且阅览室严禁携带食物和笔，连矿泉水也不得携入。（P110）

索邦大学，简称“索邦”（Sorbonne），是一所位于法国巴黎拉丁区的世界顶尖研究型大学，由原巴黎索邦大学（巴黎第四大学）和原皮埃尔和玛丽居里大学（巴黎第六大学）于2018年1月合并而成。学校名称沿用“索邦”一词，“索邦”的历史可追溯到欧洲中世纪的索邦神学院，后逐步发展为巴黎大学，是世界最古老的大学之一，被誉为“欧洲大学之母”，在法国人民心中有着崇高的地位。（P110）

附录三：食谱目录